PRODUCTION
DU COTON

DANS NOS COLONIES

PAR H. POULAIN

CAPITAINE, EX-CHEF DU GÉNIE DE GORÉE (SÉNÉGAL)

« La situation de l'Empire serait florissante, si la
guerre d'Amérique n'était pas venue tarir une des
sources les plus fécondes de notre industrie. »

(*Discours de l'Empereur à l'ouverture de la
session législative de 1863.*)

Avril 1863

PARIS

CHALLAMEL AÎNÉ, LIBRAIRE-ÉDITEUR
Commissionnaire pour l'Algérie, les Colonies et l'Orient
30, RUE DES BOULANGERS-SAINT-VICTOR (5ᵉ ARRONDISSEMENT)

1863

PRODUCTION DU COTON

PRODUCTION
DU COTON

DANS NOS COLONIES

PAR H. POULAIN

CAPITAINE, EX-CHEF DU GÉNIE DE GORÉE (SÉNÉGAL)

> La situation de l'Empire serait florissante, si la guerre d'Amérique n'était pas venue tarir une des sources les plus fécondes de notre industrie.
>
> *(Discours de l'Empereur à l'ouverture de la session législative de 1863.)*

Avril 1863

PARIS

CHALLAMEL AÎNÉ, LIBRAIRE-ÉDITEUR

Commissionnaire pour l'Algérie, les Colonies et l'Orient

30, RUE DES BOULANGERS SAINT-VICTOR (5ᵉ ARRONDISSEMENT)

1863

PARIS. — DE SOYE ET BOUCHET, IMPRIMEURS, PLACE DU PANTHÉON, 2.

TABLE DES MATIÈRES

Pages

DÉDIÉ

A LA SOCIÉTÉ INDUSTRIELLE

DE MULHOUSE

La haute Société industrielle de Mulhouse a émis l'opinion suivante, par l'organe de son savant Président :

« La Société industrielle a vu avec beaucoup de plaisir et d'intérêt, un
« officier intelligent et dévoué mettre au service de la Patrie, non seulement
« la savante activité que commandent ses difficiles fonctions dans les colonies,
« mais encore ses observations justes et délicates sur la production, les voies
« de communications et les moyens d'échange du pays où son service l'a
« récemment appelé. »

Sur le rapport de son Comité de commerce, la Société industrielle a voté l'insertion dans son Bulletin du présent mémoire, sauf quelques retranchements relatifs à l'art de l'ingénieur, dont elle reconnaît néanmoins, « la grande portée. »

COUP D'ŒIL SUR LA QUESTION COTONNIÈRE

La production du coton dans nos colonies a pour but d'affranchir notre industrie de la dépendance où la tient l'Amérique septentrionale.

On arrivera à la solution de ce problème économique par l'exploitation des contrées où l'on a de grandes étendues de terrain disponibles, un sol propice, un climat toujours favorable, une main-d'œuvre abondante et à bas prix, enfin, une grande facilité pour la circulation des denrées.

J'ai discuté, sous ces points de vue, les ressources que nous offrent plusieurs contrées. Mes fonctions en Corse, en Algérie, au Sénégal, un voyage en Gambie, les données que j'avais sur le Gabon dont la circonscription était comprise naguère dans la chefferie de Gorée, ont servi de base à mes études.

Pour l'industrie il faut, en circonstances ordinaires,

trois choses esssentielles : la *quantité*, la *qualité*, le *bon marché*. Aujourd'hui il faut de plus la *rapidité de production*, car HUIT CENT MILLE OUVRIERS sont atteints par le chômage (1).

Ces quatre exigences ne peuvent être remplies qu'avec le concours de l'État, parce que la question est trop complexe pour des compagnies. Cependant l'État ne devra intervenir que pour vaincre les obstacles, organiser le succès et favoriser toutes les tentatives, en accordant surtout, et d'une manière efficace, sa haute protection à toutes les sociétés particulières et à tous les individus isolés qui voudront obtenir, pour la France et par elle, beaucoup de coton à bon marché. En d'autres termes je veux, dans mon système, que l'industrie ait toute liberté, mais je désire que l'État intervienne avec toute la puissance de ses moyens et seulement comme protecteur de vastes entreprises cotonnières.

(1) *Journal de Rouen*, du 22 avril 1863.

PREMIÈRE PARTIE

ESQUISSE DU SYSTÈME DE PRODUCTION DU COTON
DANS NOS COLONIES

Comme chef du Génie et des Ponts et Chaussées de Gorée (Sénégal), j'ai été en position d'explorer des pays nouveaux, de traiter un grand nombre de questions variées et d'acquérir l'expérience des affaires coloniales. Ma chefferie comprenait la côte depuis M'boro jusqu'à la rivière de Saloum inclusivement, la Casamance et les comptoirs situés entre le fleuve de Casamance et Sierra-Léone. Les nombreux souvenirs que j'ai gardés du Sénégal me suggèrent des idées qui peuvent être aujourd'hui très-utiles à l'industrie cotonnière.

La guerre d'Amérique met, pour plusieurs années, nos manufactures dans la détresse. Non-seulement elle jette dans la misère les ouvriers des cités industrielles, mais elle frappe le manufacturier lui-même qui voit ses métiers devenir improductifs, mais elle prive tous les consommateurs des tissus les plus usuels et les plus nécessaires. Mettre un terme à un état général de souffrance est une pensée généreuse que le Gouvernement a poursuivie en cherchant à rétablir la paix dans les États d'Amérique, mais qui n'a pu encore être réalisée, et qui ne dispenserait pas, si la guerre acharnée d'aujourd'hui venait à cesser, *de prévoir et de craindre de nouvelles luttes et de nouveaux désastres*. Il faut résolûment chercher à nous *affranchir* d'un pays qui ne nous offre pas des garanties durables pour notre industrie, ce qui ne nous empêchera pas d'y chercher facultativement des approvisionnements, quand il sera dans des circonstances plus calmes. Lui montrer que nous pouvons jusqu'à un certain point nous passer de lui, en exploitant nous-mêmes nos possessions, c'est lui donner à réfléchir pour la ruine d'une des principales branches de son industrie, et favoriser le rétablissement de la paix ; c'est encore, quand la paix sera rétablie, l'obliger à nous donner le coton à meilleur marché à raison de notre concurrence.

Or, nous avons plusieurs colonies intertropicales dans lesquelles nous pouvons développer la culture des textiles, telles que le Sénégal et nos différents établissements de la côte d'Afrique jusqu'au Gabon, comme encore Cayenne, les Antilles, Bourbon. Nous pourrions aussi cultiver le coton à Madagascar, île vaste et fertile, où des traités nouveaux de commerce viennent d'être signés. Mais il faudrait une bonne organisation pour faire réussir l'entreprise de la culture coloniale, et l'on devrait chercher, dans les services organisés, les hommes les plus propres par l'intelligence, l'énergie, l'exactitude, la probité et la manière générale de faire.

Peut-être que les pays que je viens de nommer suffiraient à produire dans peu d'années une quantité de coton égale à celle qu'on consomme aujourd'hui en France ; peut-être aussi qu'en Algérie, l'élément arabe, s'assimilant à nos besoins, contribuerait à faire croître une denrée qui peut y venir, mais pour laquelle des difficultés très-sérieuses existent.

D'une part, j'ai constaté en novembre 1862 dans mes Notes sur nos possessions de la côte occidentale d'Afrique (1) « que le coton d'Algérie est *beau, mais peu abon-* « *dant et trop cher.* »

D'autre part, le *Moniteur universel* du 4 janvier 1863, parfaitement conforme aux assertions que j'ai émises, constate que diverses espèces de coton « pourraient aisément s'accli-« mater dans les trois provinces, et que cette culture ne « saurait manquer de conquérir la place qui lui revient dans « le travail agricole et industriel de ce pays. Les résultats « obtenus jusqu'à présent prouvent que la culture du coton-« nier est définitivement adoptée par les agriculteurs algé-« riens. En attendant que les *bras soient moins rares et que* « *les indigènes se mettent au service des européens,* l'admi-« nistration accorde aux producteurs. . . . .»

Il est donc possible que le sol et le climat de l'Algérie conviennent au coton, mais il est regrettable que la main-d'œuvre y soit trop chère.

Voyons maintenant ce qui se passe dans les pays neufs de la côte occidentale d'Afrique, et examinons les conditions que présentent le sol et le climat, l'étendue du terrain, la main-d'œuvre, les moyens de communication et d'exportation, enfin les données sur lesquelles on pourra se faire une idée du prix de revient de la culture du coton.

(1) Ces notes constituent un manuscrit assez considérable qui a été remis en novembre 1862 à S. E. M. le ministre de la Marine et des Colonies, et dont la troisième partie reproduit les choses les plus essentielles, *comme se rattachant au coton de la façon la plus intime.*

On trouve dans mes notes de novembre 1862 :

« . . . .

« La première expédition, qui a eu lieu dans les Sérères-
« Nones, en avril 1861, a ouvert au commerce une voie nou-
« velle. Chargé de faire la carte du pays et le rapport de
« l'expédition, j'ai signalé dans un tableau tous les villages
« où le coton pousse pour ainsi dire à l'état sauvage. Je n'ai
« pas le moindre doute que la côte occidentale d'Afrique
« n'offre un grand nombre de localités qui soient propres à
« la culture de cet important végétal.

« Quand on est dans le Diander, on ne se doute pas, à
« l'aspect du sol, qu'il y a à côté de soi un pays qui produit
« le coton, mais on y rencontre beaucoup de métiers de tis-
« serands. C'est ce que j'ai observé dans les villages qui sont
« au sud de M'bidjem, avant d'arriver chez les Sérères-No-
« nes. J'ai remarqué aussi que dans le Diander, où le coton
« ne vient pas, le sol est sablonneux, peu couvert, tandis que
« dans le pays des Sérères, où le coton vient naturellement,
« le sol est ferme, argileux, possède beaucoup de fer sous
« forme de gangues et se trouve couvert de végétaux puis-
« sants ou d'épaisses forêts de broussailles. D'après cela, je
« conseillerais de chercher à importer le coton dans les pays
« qui ont cet aspect. Ce ne sera donc pas sur la route de
« Saint-Louis à Gorée qu'il faudra chercher le coton, mais
« dans les Sérères, à Portudal, à Joal, et probablement sur-
« tout en Casamance.

« Comme le brin de coton est de médiocre longueur, il
« convient d'en améliorer l'espèce ; à cet effet, il faudrait
« avoir des graines de première qualité dont on ferait l'essai,
« et aussi des hommes capables, de différents pays qui produi-

« sent le coton, afin de bien connaître toutes les pratiques
« de cette culture, et assez habiles pour diriger les popula-
« tions dans leurs essais. Il y aurait en outre des inspecteurs
« d'agriculture pour noter les moyens employés, les essais
« tentés, les résultats obtenus, etc.

« On encouragerait les chefs de villages qui se prêteraient
« avec zèle à la culture du coton, et l'on punirait ceux qui
« seraient rebelles au progrès.

« Autant que possible on percevrait les impôts en nature
« de coton ; on en demanderait d'autant moins qu'il aurait
« plus de valeur, et on fixerait, pour culture annuelle d'un
« coton d'une espèce déterminée, telle grandeur de champ
« sur un terrain désigné.

« . . . .

« Toutes les peuplades de la côte d'Afrique renferment
« une quantité prodigieuse de forces vives qu'il faut tirer de
« l'état latent et utiliser avec équité à notre profit. On arri-
« vera au but principal, qui est le coton, par toutes les
« exploitations secondaires qui mettent en relations les indi-
« gènes avec nos nationaux. Les exploitations des forêts
« conduiront à faire dès le principe des élagages qui seront
« utiles à la circulation des caravanes.

« . . . .

« Les plantes médicinales, le ricin, le datura et autres,
« seraient essayées. La direction d'agriculture en approvi-
« sionnerait la Métropole. — Ne rien négliger des produc-
« tions du pays, introduire les espèces étrangères qui sont
« utiles, développer celles dont le besoin se fait sentir ; tel est
« le programme de la direction d'agriculture.

« Tous les animaux originaires du Sénégal ne sont bons

« qu'à porter et non à traîner. Voilà un fait dont il faut avant
« tout se convaincre. — Le chameau est un fort porteur ;
« mais il faut en tirer parti en le bâtant mieux. Le cheval et
« l'âne portent bien de petits poids, d'une manière adroite,
« mais ils n'ont pas la masse nécessaire à la traction des
« voitures. Le bœuf est grêle et sans force ; il n'est bon à
« aucun transport,. . . . . . . etc.

« . . . . . . Il faut améliorer l'espèce chevaline en créant
« des haras. . . . . Introduire l'élément arabe pris
« comme père. . , ... Exemple pris aux écuries du
« Génie. . . . . etc.

« Le transport des denrées et en particulier du coton, se
« fera par des chameaux, des chevaux et des ânes, employés
« comme animaux porteurs. Dans ce système, de simples
« voies, créées par des élagages dans les forêts, doivent
« suffire,. . . . . . . etc.

Afin de compléter mes idées pour les rendre fructifiables
j'ajoute aujourd'hui les considérations suivantes.

Puisque la nature a produit le coton dans les Sérères-Nones, qui ne sont qu'une petite province, il faut l'essayer partout en tenant compte des circonstances qui ont été observées
relativement à la nature du sol. On ferait d'abord les cultures dans les endroits d'où l'on pourrait aisément exporter
les produits ; et, comme les routes manquent et ne peuvent
être créées qu'à grands frais, ou même sont impossibles, on
devra profiter des fleuves et des rivières.

Dans nos possessions du Sénégal où est enclavée la Gambie, possession anglaise, on aurait :

1° Le fleuve du Sénégal pour desservir les centres de culture de Médine, Kénièba, Sénoudébou, Bakel, Matam, Saldé,

Podor, Dagana, Richard-Toll, Mérinaghen, Lampsar, etc., où nous avons des postes protecteurs ;

2° La côte, comprenant les *Sérères* et les centres où nous avons les postes de Dakar, Rufisque, Portudal, Joal, desservis par les caravanes et par la mer ;

3° Les royaumes de *Sinn* et de *Saloum* où nous avons les rivières de ces noms, et les postes de Fatik et Kaolakh ;

4° La *Casamance*, comprenant les postes de Carabane et de Sédhiou, desservis par le fleuve de Casamance.

Le Sénégal est navigable aux avisos en tout temps jusqu'à Podor, et pendant l'hivernage jusqu'à 200 lieues environ dans les terres.

Les avisos naviguent dans les rivières de Sinn, Saloum et dans la Casamance, mais ils pourraient être arrêtés dans les temps de sécheresse. Le petit cabotage serait quelquefois indispensable, et les chargements des gros navires se feraient alors aux embouchures du Saloum et de la Casamance, ou enfin en rade de Gorée.

Enfin, dans la circonscription de la division navale du Gabon il y aurait les centres de Grand-Bassam, d'Assinie et du Gabon lui-même, que l'on exploiterait sans doute avec beaucoup de profit.

En résumé, nous avons sur la côte occidentale d'Afrique un grand nombre de comptoirs fortifiés qui sont placés sur des cours d'eau navigables ou sur le littoral lui-même avec approche de moins d'un mille, dont nous pouvons faire autant de centres cotonniers. La pratique de la culture du coton, les graines et le matériel qu'elle exige, rayonneraient petit à petit dans les peuplades avoisinantes, à de grandes distances; et inversement, les denrées convergeraient vers les centres où se feraient les transactions sous la surveillance des chefs de poste. On arriverait ainsi à exploiter avec profit le sol du Sénégal et à utiliser avec équité les indigènes, sur une échelle très-considérable ; mais on devrait d'autant mieux assurer la culture du coton que *l'on a plus d'étendue de terrain et moins de distance de la Métropole,* avantages simultanés dont l'effet doit être bien compris.

Afin d'assurer la culture du coton, il y a lieu d'appeler des planteurs de pays cotonniers et de faire étudier et protéger leurs opérations par des hommes choisis dans nos fonctionnaires.

J'émets cette idée que beaucoup d'Américains, surtout ceux qui sont de souche française, ruinés par la guerre, menacés de dangers, n'ayant plus l'espoir de reconstituer leur fortune, accepteraient très-probablement un asile où ils pourraient avoir et la tranquillité et l'espoir de recouvrer le bien-être.

Il faut semer pour récolter. On leur donnerait le passage gratuit, on leur assurerait la tente ou des baraques, les vivres, les vêtements et une petite solde jusqu'à la vente du produit de la première récolte. Le montant de la vente leur appartiendrait en totalité à titre d'encouragement, et pour les mettre en position de vivre l'année suivante. Cette mesure aurait de plus pour effet de favoriser une nouvelle immigration. Pour prévenir des désertions qui pourraient avoir lieu du côté de la Gambie, il serait sage de ne leur distribuer l'argent que par douzième, pendant le travail devenu obligatoire de la première à la deuxième récolte, sur le terrain à eux désigné.

Des primes seraient données aux colons qui se distingueraient : elles seraient autant que possible en nature de terrain.

Les planteurs et les divers colons ne peuvent suffire : le gouvernement a besoin de garanties particulières pour que de bonnes opérations soient faites, et pour que l'autorité des chefs d'arrondissement puisse s'immiscer dans les cultures d'une façon réellement protectrice. L'intermédiaire d'agents spéciaux devient nécessaire.

Ces agents devront être capables de voyager à cheval, de faire des reconnaissances, des travaux de campement, de baraquement, de desséchement, d'irrigation, des fours, des puits, des maisons. Toutes ces choses sont du domaine des gardes du Génie, que tout le monde estime comme de zélés et braves serviteurs, et qui sont sans contredit, par leur discipline, leur instruction spéciale, leur dévoûment et leur probité, les hommes les plus aptes à atteindre le but.

Le corps du Génie qui s'est fait remarquer par son administration au Sénégal, qui a signalé le coton dans ce pays, et qui cherche à donner à cette culture l'essor qu'elle mérite, paraît mériter la priorité demandée pour les gardes du Génie.

Ces gardes, pris jeunes, deviendraient inspecteurs d'agriculture quand ils seraient reconnus suffisamment méritants. Il faudrait leur faire des appointements doubles, leur payer de fortes indemnités de déplacement, et joindre au titre d'inspecteur d'agriculture un fort supplément.

Comme la maladie fait beaucoup de ravages sur la côte occidentale d'Afrique, il faudrait porter à 8 le nombre des gardes attachés au service d'agriculture de Saint-Louis à l'équateur en prescrivant qu'ils ne seront jamais détournés de leur destination spéciale, et qu'ils ne pourront être appelés à faire partie de colonnes qu'autant que le service d'agriculture y serait intéressé.

Les 8 gardes demandés seraient ainsi distribués :

Pour les pays qu'arrose le Sénégal. . . 2
Du Cap-Vert à la rivière de Saloum. . . 2
Pour la Casamance. 2
Pour les comptoirs de la circonscription de
la division navale du Gabon. 2

Il y aurait lieu de récompenser les disciplinaires qui se seraient fait remarquer par leur conduite et qu'on pourrait occuper dans les centres cotonniers, quelque temps avant la fin de l'expiation de leur faute. En faisant des avantages à ceux qui seraient utiles on pourrait avoir de nouveaux colons.

Dirigés par les chefs d'arrondissement, les gardes du Génie mettraient en relation fructueuse les colons américains et les colons de toute nature avec l'élément indigène si nombreux, et dont le concours, stimulé par l'appât de quelques denrées, se ferait bientôt sentir. C'est de cette manière surtout que l'autorité militaire exercerait, en faveur de l'industrie, une salutaire influence.

Généralement, dans l'intérieur des terres, on paie les ouvriers noirs avec de l'eau-de-vie dont ils sont très-friands. Voici un exemple de bon marché qui donnera une idée des prix de revient de la main d'œuvre et que je prends précisément dans les Sérères-Nones, à Portudal, où j'ai construit un poste. Ayant à faire porter 180 m. cubes de pierres à environ 150 m. j'ai employé la population mâle dont chaque individu portait une pierre sur la tête et marchait dans le sable. Je les ai payés moyennant le prix convenu de 50 bouteilles d'eau-de-vie, la bouteille étant de 2/3 de litre, l'eau-de-vie étant additionnée suivant les usages du commerce

de 1/3 d'eau, et le litre d'eau-de-vie valant 0 fr. 60 c. (ce
sont des spiritueux d'Amérique). Par conséquent le transport sur la tête de 180 m. cubes à 150 m. de distance revient
à 13 fr. 33 c. Ce résultat n'est qu'une limite extraordinaire
du bon marché qu'on peut obtenir et prouve évidemment que
la main-d'œuvre est à très-bas prix. (Voir le paragraphe 10
de la 3ᵉ partie.)

Dans mes notes de novembre 1862, je parle de travaux qui
intéressent tout particulièrement le commerce. — Le phare
du Cap-Vert, dont l'opportunité avait été mise en doute, a été
l'objet d'un projet que j'ai rédigé, et qui a été admis à l'unanimité par le Conseil des travaux de la Marine, de telle sorte
que l'éclairage de la côte du Cap-Vert et de l'île de Gorée est
complet. — Le port que j'ai commencé à Dakar pourra être
terminé en 1864. — Dans les travaux préparatoires du port,
j'ai créé, pour 300 disciplinaires et les ouvriers noirs, des
baraquements d'un genre nouveau, solides et économiques,
dont l'imitation assurerait la promptitude de l'installation de
nos planteurs et colons de toute sorte (1).

Dakar est appelé à devenir le centre de tout le commerce.
Cet endroit n'est qu'à 2 ou 3 milles de Gorée. Cette île possède une excellente rade, qui est la seule de la côte occidentale d'Afrique. — Le port de Dakar abritera principalement
les bateaux du commerce, et en cas de guerre maritime, ceux-
ci seront protégés par le canon dans le chenal qui sépare l'île
de la grande terre. — A l'effet d'attirer à Dakar les caravanes et d'y faire aboutir le coton et les arachides, j'ai donné

(1) Voir dans les Annales des Ponts et Chaussées, 1ᵉʳ semestre de
1863, mes études sur les bétons. Voir aussi dans la 3ᵉ partie les paragraphes 7, 8, 13, 14, 18.

l'idée d'en faire un centre d'islamisme, et j'exprime le désir tout particulier de flatter les goûts des peuplades en leur construisant des bâtiments qui soient conformes à leurs usages et à leur religion. (Voir dans la 3ᵐᵉ partie les paragraphes 6, 15, 16, 17.)

Telles sont en substance les idées que j'émets pour l'organisation d'un service d'agriculture sur la côte occidentale d'Afrique, service qui évidemment n'occasionnera pas une dépense considérable relativement aux avantages qu'il promet, et que, a priori, on ne saurait fixer à cause des quantités inconnues d'immigrants qu'on pourra recevoir.

L'état estimatif comprend nettement trois sections : 1° Personnel, 2° Immigrants, 3° Installations.

1° Le personnel, composé de 8 gardes, de sous-agents et de disciplinaires, reviendra à   50,000 fr.

2° Les immigrants occasionneront une dépense proportionnelle à leur nombre.

3° Les installations seront en raison des immigrants et l'on pourra prendre, comme points de départ, les baraquements que j'ai faits à Dakar pour les travaux du port. (Voir le paragraphe 18 de la 3ᵐᵉ partie.)

Mes baraques en béton, de 10 m. de long sur 5 m. 60 de large, divisées au milieu par une cloison, reviennent à 750 fr.

Mes baraques de disciplinaires, qui étaient plus élevées et qui avaient 25 m. de long et 6 de large, avec des lits de camp pour 60 hommes, coûtent 2,000 fr.

En supposant qu'une baraque dure 12 ans, une petite baraque représenterait sensiblement 100 francs par an, à cause des intérêts et des réparations (1). On peut y loger deux petits ménages. Le loyer d'un ménage reviendrait donc à 50 fr. par an. On ferait payer les loyers à partir de la 2me récolte, mais on laisserait toute latitude à ceux qui voudraient construire, et les baraques devenues vacantes serviraient à de nouveaux immigrants.

J'ai confiance que le système que je propose est un moyen puissant de *coloniser* nos possessions de la côte occidentale d'Afrique, et je signale en outre cet avantage que, dans bien des endroits insalubres où nos soldats périssent, on pourrait se contenter, pour la défense des postes, de planteurs habitués aux chaleurs des tropiques et qui seraient intéressés à défendre leurs habitations et leur avoir. Ces colons armés, *constituant une bonne milice,* économiseraient à la France bien des soldats que la fièvre dévore. (Voir le paragraphe 20 de la 3e partie.)

Outre le côte occidentale d'Afrique, il y a encore plusieurs points qui méritent notre attention. Naturellement, nous les prendrons parmi les plus productifs et les moins éloignés de la métropole. Tels sont Cayenne, les Antilles où la culture du coton se fait déjà, mais où nous chercherions à lui donner plus d'essor. L'île de Madagascar pourrait peut-être nous offrir aussi d'immenses ressources dans un prochain avenir; il faudrait bien s'éclairer à cet égard, et voir si, par le coton,

---

(1) 750 francs, à intérêts composés pendant douze ans, donnent. $50 \times (1.05)^{12} = 1,347$ fr. ci. . . . . 1,347 fr

100 francs, placés annuellement à intérêts composés, à partir de la deuxième récolte, c'est-à-dire pendant dix ans,

donnent $100 \dfrac{(1,05)^{14} - 1}{0,05} = 1420$; ci. 1,420

De telle sorte que l'on aura une somme suffisante pour les réparations.

on ne pourrait pas *faire pacifiquement la conquête* de ce pays. Une discussion spéciale est faite sur chacun de ces points dans la 2me partie.

J'exprime enfin le vœu que, dans chaque colonie intertropicale, il y ait un service d'agriculture, ayant pour but essentiel le coton ; et il serait à souhaiter qu'il y eût en même temps au ministère de la Marine, à Paris, *un bureau central d'agriculture*, qui serait le nerf de tous ces services coloniaux, à la tête duquel serait un homme capable tant par son expérience des colonies que par son caractère et ses ressources personnelles. C'est ainsi que nous nous affranchirions de la dépendance où nous tient l'Amérique et que nous arriverions à nous assimiler des contrées étendues dont nous tirerions d'autres richesses.

Cette première partie a fait l'objet d'un Mémoire qui fut adressé à S. E. M. le ministre de la Marine et des Colonies à la date du 7 février 1863.

DEUXIÈME PARTIE

DÉVELOPPEMENTS SUR CHAQUE PAYS PRODUCTEUR

I

Le chapitre qui précède forme un système complet, mais il a besoin de quelques développements, afin de jeter un jour plus grand sur la solution de ce problème économique que j'ai intitulé *Production du coton dans nos colonies*. C'est dans ce but que j'ai recueilli des faits et que je les ai discutés ; j'en ai ensuite tiré des conclusions pratiques.

Je ne veux pas tracer une seconde fois le tableau de la disette cotonnière : c'est le résultat de la guerre d'Amérique ; *mais je répéterai avec insistance que nous devons résolûment nous affranchir des causes qui ont produit nos désastres.*

Sans doute l'Angleterre aura déjà songé à s'approvisionner de coton par ses colonies. Lui laisserons-nous ce monopole, ou voudrons-nous rivaliser avec elle ?

Il n'y a plus de temps à perdre, si nous voulons produire en 1864. Il faut dès à présent organiser des sociétés puissantes, ou mieux, à raison de la gravité de la position, au nom de l'amour-propre et des intérêts engagés, créer un service militaire-administratif, ayant pour mission de désigner les contrées et les terrains les plus propres aux cultures, de répartir les immigrants américains, de leur élever des établissements et de donner à l'œuvre l'ensemble et la vigueur d'exécution qu'elle mérite.

Je porterai d'abord mes vues sur les contrées les plus voisines de nos centres manufacturiers, la Provence, la Corse, le territoire napolitain, la Grèce, la Turquie et l'Espagne ; puis j'examinerai l'Algérie ; enfin je traiterai des colonies intertropicales et en particulier de nos possessions de la côte occidentale d'Afrique, dans la région de Saint-Louis à l'équateur.

II

1° La Provence peut produire le coton. On trouve dans le Bulletin mensuel de la Société zoologique d'acclimatation, tome IX, n° 11, 1862, page 972.

« Cotonnier Géorgie longue soie (*Gossypium herbaceum*)
« Malvacées, venu du midi de la France où il est cultivé avec
« soin depuis plusieurs années. Qualité supérieure au coton
« qui nous vient d'Amérique. Il serait important d'en répan-
« dre la culture dans nos départements méridionaux et en
« Algérie. »

M. Quihou, jardinier en chef.

2° En Corse on a produit quelques capsules de coton en 1862. La qualité textile en est excellente. Un de nos grands industriels de Mulhouse, M. *Kœchlin*, est venu l'encourager lui-même en mars 1863. Nul doute que son passage en Corse ne laisse une trace profonde.

Il est arrêté que des essais seront tentés sur plusieurs points de la Corse et que le pénitencier de Casabianda, composé de 300 individus, sera employé.

Je vois dans cette mesure un immense résultat pratique, *la fondation d'une école cotonnière de planteurs à l'usage de nos colonies.*

Cette idée m'amène tout naturellement à celle-ci : *Pourquoi ne ferait-on pas en Corse un pénitencier algérien qui aurait pour but de propager en Algérie la culture du coton?*

Les détenus seraient utilisés aussi sagement à Aleria que dans la maison centrale de l'Harrach, près d'Alger, où ils ne sont employés qu'à des travaux sédentaires, sans influence aucune sur leur moralisation.

On essaiera avec raison le coton en Corse, car certains terrains paraissent propices, et les vapeurs de la mer sont précieuses, ansi qu'on l'a constaté en Algérie et dans la Guyane hollandaise.

On devra principalement s'attacher en Corse au coton *Géorgie longue-soie,* conformément à l'avis de M. Quihou, jardinier en chef du jardin d'acclimatation de Paris.

3° Le TERRITOIRE NAPOLITAIN est favorable, mais il serait à désirer que les habitants de ce riche pays pussent s'adonner sérieusement à ce genre de culture.

4° La GRÈCE pourrait produire, mais elle ne produit rien à cause de la crise politique qu'elle traverse et de l'esprit de fainéantise de ses habitants.

5° Les TURCS font du coton dans l'île de Chypre et dans les environs d'Alep. Les vastes plaines, qui s'étendent de Mossoul à Alep, sont parfaitement propres à la culture du coton et en produiraient énormément, si les Kurdes et autres nomades ne ravageaient périodiquement ces mêmes contrées.

La même observation s'étend à la belle plaine de la Bekaa ou Cœlé-Syrie, que notre armée a parcourue dans la dernière expédition.

Je ne m'étendrai pas davantage vers l'Orient.

6° L'Espagne pourrait produire un peu de coton, mais en général la constitution orographique de ce pays s'y oppose.

Au-delà de 600 mètres d'altitude, d'après M. Hardy, directeur du Jardin d'acclimatation d'Alger, « la maturation n'est pas complète. »

III

L'Algérie est, de nos colonies, la plus rapprochée, et, en même temps, celle qui présente le plus de ressources pour la Métropole. Nul, plus que nous, n'est convaincu de l'excellent avenir de cette seconde France ; chevaux, bestiaux, céréales, huiles, laines, lin, soie, vins, tabac, minéraux, bois, telles sont les matières premières, qui, dans les trois divisions, enrichiront le peuple indigène par la production, et les Français par le commerce et l'industrie.

Voyons si l'Algérie pourra approvisionner nos manufactures, c'est-à-dire leur fournir du coton en grande quantité, de bonne qualité et à bas prix.

Dans une brochure très-remarquable et très-remarquée qui vient de paraître, et qui est intitulée l'*Algérie française, indigènes et immigrants*, on expose et les avantages matériels que nous pouvons attendre de notre conquête, et les avantages moraux que nous en avons déjà recueillis.

« On ne créera pas, dit son auteur, la prospérité de l'Al-

« gérie, en y naturalisant, à grands frais et sans certitude de
« succès, des végétaux exotiques. Il faut demander au sol
« ses productions naturelles, celles qui, par leur qualité et
« par leur prix de vente, peuvent figurer avantageusement
« sur les marchés français et sur ceux des nations avec les-
« quelles nous sommes liés par des traités de commerce. Ce
« sont d'abord les céréales, l'huile, la laine ; puis le lin, les
« plantes textiles ; enfin certaines qualités de vin et de tabac,
« et peut-être la soie, lorsque l'expérience aura prononcé. La
« production et l'élevage des chevaux et des bestiaux est
« aussi un des attributs naturels de l'Algérie. »

M. Lestiboudois, conseiller d'État, président du Conseil
général de Constantine, s'exprimait ainsi à l'ouverture de la
session de 1861 :

« Pour moi, dès que j'ai eu mis le pied sur la terre d'Al-
« gérie, deux idées principales m'ont dominé, et, après douze
« ans d'études assidues, je ne trouve rien de meilleur dans
« mes convictions sur les moyens de peupler cette terre et
« d'en obtenir d'abord d'abondants produits. Pour tirer de
« ce sol une grande richesse, il est inutile, à l'origine, d'y
« implanter à grands frais et risques des végétaux étrangers ;
« il suffit de lui demander ce qu'il a produit de tout temps et
« pour ainsi dire spontanément.

« Il donne des céréales de première valeur, la soie, le lin,
« la laine, le coton peut-être ; l'huile et le tabac, et tous les
« fruits qui entrent comme élément considérable dans le
« grand commerce ; enfin des vins dont les qualités ne sont
« plus contestées. Ne demandons pas davantage pour les
« premiers temps. Bien des nations sont opulentes qui n'ont
« pas de pareils trésors.

« La seconde pensée qui m'a saisi, c'est que si on peut
« assurer la prospérité de l'Algérie, au moyen des végétaux
« qui lui sont propres, on ne peut assurer leur culture qu'au
« moyen des hommes qui l'habitent, en les éclairant, en les
« associant aux races européennes.

Qu'il me soit permis, chemin faisant, de rapprocher, du
dernier paragraphe cité du discours de M. Lestiboudois, l'article du *Moniteur universel* du 4 janvier 1863, dont j'ai fait
un extrait dans la première partie :

« En attendant que les bras soient moins rares et que les
« indigènes se mettent au service des européens, l'adminis-
« tration accorde aux producteurs. . . . . . »

En somme, l'indigène manque pour la culture du coton,
mais nous ne pouvons nous écarter de cette vérité émise par
l'auteur de la brochure l'*Algérie française* : » Le vrai paysan
« de l'Algérie, l'ouvrier agricole, la base la plus rationnelle
« et la plus solide de la propriété, c'est l'indigène. »

Je viens de montrer les difficultés que nous trouvons en
Algérie, sous le rapport de la main-d'œuvre pour la production du coton. Je crois en outre que l'opinion publique a exa-
géré l'importance cotonnière de l'Algérie.

En admettant que l'Algérie soit pour nous un *grenier de
Rome*, est-ce à dire pour cela qu'elle rivalisera avec les régions intertropicales pour la production du coton ?

Les colons sérieux ont compris, peut-être avec raison, que
le moment n'était pas venu pour se lancer dans les entreprises hasardeuses ; ils se sont pratiquement rabattus sur la
laine et sur le chanvre.

Sans doute, le Jardin d'essai d'Alger a parfaitement produit le coton ; sans doute, dans bien des localités de l'Algérie

on a produit le coton en plein champ, et l'on est arrivé à un bon résultat. Et cependant les grands agriculteurs ont reculé devant les grandes cultures, parce qu'ils n'étaient pas assez convaincus par avance du succès. Ils avaient vu d'excellents résultats partiels, mais ils connaissaient peut-être des échecs passés sous silence. Enfin, placés sur les lieux, maniant leurs propres capitaux, ils ont voulu attendre, malgré tout, le bon placement qu'ils auraient eu de la denrée cotonnière.

Si le coton doit être obtenu en Algérie, on fera bien d'en infiltrer la pratique dans les centres indigènes, par le moyen d'un pénitencier corse ; mais je me hâte de prévenir l'objection et je dis que, dans le midi de la France et en Corse, où l'on peut très-bien réussir, on court, comme en Algérie, des chances d'avortement. Voici pourquoi. L'instabilité du climat, les brusques changements de température qui dans la même journée passe de l'extrême fraîcheur à l'extrême chaleur, la grêle, les pluies torrentielles, puis de très-longues sécheresses non compensées par des rosées suffisantes, sont des obstacles qu'il faut faire figurer dans la balance de nos intérêts.

C'est le moment de citer des autorités.

Le docteur Marit, professeur à l'École de médecine d'Alger, a dit, dans son hygiène de l'Algérie, 1861 :

« On a vu le thermomètre dans la Métidja à 55 degrés au soleil et à 18 degrés la nuit du même jour. »

Cet exemple prouve suffisamment les brusques changements du climat de l'Algérie. Si l'on n'avait pas ces inconvénients dans le courant d'une année, la culture du coton réussirait parfaitement. Mais les variations atmosphériques développent sur ce végétal des maladies vraiment affligeantes.

M. A. Dupuis s'exprime ainsi sur une maladie du cotonnier dans le *Bulletin* de la *Société zoologique d'acclimatation*, tome IX, n° 9, 1862, page 823.

« M. le comte François Marini a publié, dans la *Re-
« vista agronomica de Naples*, une notice très-détaillée
« sur la culture du cotonnier. Nous en traduisons les
« passages suivants, qui pourront offrir quelque intérêt au
« moment où l'on essaie cette culture dans le midi de la
« France.

« Les maladies qui ont affligé les plantations de cotonniers
« Géorgie-Louisiane, que nous avons particulièrement sur-
« veillées, ont été peu nombreuses et d'ordinaire nous ne
« leur avons reconnu d'autres causes que les variations at-
« mosphériques. Nous ne pouvons considérer comme une
« maladie l'état de langueur, car il est la conséquence même
« de la culture dans un sol humide et froid, ou bien l'effet
« de la sécheresse. Dans ces deux cas, les cotonniers, ne
« se trouvant pas dans des conditions appropriées à leur
« nature, doivent s'affaiblir et dépérir.

« Les jeunes plants, alors qu'ils n'ont que trois ou quatre
« feuilles, sont sujets à une maladie de ces mêmes feuilles,
« produite par les brusques variations de température, ou
« par l'action subite des courants d'air humide et froid. Alors
« la végétation s'arrête, les feuilles se recroquevillent et se
« gonflent; une teinte pâle envahit la plante, et la chlorose
« se déclare. Cet état de langueur attire les insectes parasites,
« qui augmentent le mal. Des myriades de pucerons enva-
« hissent la face inférieure des feuilles, et par leurs innom-
« brables piqûres causent l'extravasation des sucs dont ils se
« nourrissent. Les fourmis ne tardent pas à accourir à leur

« tour pour sucer les pucerons, qui distillent une matière su-
« crée dont elles sont très-friandes.

« Un semis prématuré peut produire les mêmes effets ;
« quelle que soit d'ailleurs la cause du mal, les cotonniers
« ne se rétablissent que lorsque la température reprend
« son équilibre. Des sarclages soignés et répétés accélèrent
« la guérison et diminuent les funestes effets de la maladie.

« La chute des feuilles, des fleurs et des capsules est éga-
« lement occasionnée par les courants d'air froid et par l'ac-
« tion des brouillards épais. Les accidents qui l'accompa-
« gnent sont semblables à ceux que nous avons indiqués
« ci-dessus ; il en est de même de leurs conséquences, et par-
« tant, des remèdes à employer pour rendre à la plante sa
« première vigueur. »

Donc, il est prouvé que l'insuccès peut venir et de la pénu-
rie de main-d'œuvre et de l'intempérie des saisons.

Mais ce prétendu *grenier de Rome* est-il donc bien, ainsi
qu'on l'a cru, un *dock* pour le coton ?

Ne nous faisons point d'illusions. Si l'Algérie produit le
blé et d'autres denrées, en première qualité et en abondance,
toutes choses que je reconnais et que j'aime à proclamer, je
crois qu'il n'y a qu'une fraction assez faible de son territoire
qui puisse produire le si désirable végétal. A la vérité, ce
serait déjà beaucoup, si les deux causes signalées d'insuccès
n'existaient pas.

Pour détruire une opinion enracinée et transformer en vérité l'exagération, il faut des faits précis et circonstanciés,
puis les opposer entre eux. *Fiat lux !*

M. Hardy, l'un des hommes les plus compétents dans la
matière, dit qu'au delà de 600 m. d'altitude, « la maturation

ne se fait jamais complétement. (Bulletin de la Société zoologique d'acclimatation, 1863, page 31.)

Or, la carte d'Algérie montre qu'il faut éliminer immédiatement une étendue très-considérable de régions montagneuses. Ici, comme en Espagne, la constitution orographique est encore un obstacle.

Voilà un premier aperçu. Abordons la question de chiffres : Dans la séance du Corps législatif du 19 juin 1862, M. le baron David dit que l'Algérie se compose de 46 millions d'hectares, dont 14 pour le Tell et 32 pour le Sahara ; et que, sur cette totalité de 46 millions, il n'y en a que deux qui sont cultivés et seuls cultivables sans travaux préparatoires ; que 4,200,000 hectares de pâturages sont de qualités inférieures et difficilement exploitables, et que le reste des autres terres est hors de la discussion par son peu de valeur.

Il ajoute : « Retirez des 2 millions d'hectares cultivés les « 300 mille hectares de la colonisation, il reste 1,700,000 hec- « tares pour 2,200,000 indigènes du Tell, c'est-à-dire un « hectare et demi par individu agriculteur, tandis qu'en « France il y a 49 millions d'hectares cultivés par 20 mil- « lions d'individus qui se rattachent à l'agriculture, c'est-à- « dire plus de deux hectares par individu.

D'après cela, où seront les terrains à destiner au coton ? Si on lui consacre de bonnes terres, il faudra se rejeter pour le blé, la vigne, le tabac, sur les terres nouvelles, ou bien l'Algérie, ne donnant plus ses produits naturels recevrait les denrées alimentaires du dehors et deviendrait ainsi partiellement une autre Bourbon (1).

(1) On sait que cette île a renoncé il y a longtemps au blé et au coton pour la canne à sucre, le café et le girofle.

L'état actuel de l'Algérie, publié en 1862, par ordre de S. Ex. M. le duc de Malakoff, fait connaître, page 14, que les Américains exportaient, année moyenne, 500 millions de kilogrammes de coton, et, page 15, que l'Algérie a produit dans 1,200 hectares, spécialement consacrés à cette culture, 169 mille kilogrammes, dont, suivant moi, le prix de revient est *certainement* supérieur au prix de vente.

Ainsi donc, nous sommes encore loin d'être à la hauteur des besoins industriels.

Maintenant je vais me résumer catégoriquement.

L'Algérie sera capable de donner du coton à l'industrie par la culture dans les plaines, et non sur les plateaux, quand l'élément indigène voudra bien nous prêter son concours d'une façon active et à bon marché, et quand les influences atmosphériques ne seront pas contraires.

Les moyens mis en œuvre depuis 1844 n'ayant pas réussi pratiquement, il faut tenter autre chose. Dresser des indigènes en Corse ou dans un jardin d'essai est peut-être un moyen ; il sera long et peu productif ; je n'en garantis pas le succès ; il faudrait bien leur faire comprendre qu'il y aurait à gagner beaucoup d'argent, et les laisser individuellement sous la pression morale toute seule, que le sentiment du gain exercerait sur leur esprit. En d'autres termes, que l'indigène dressé cultive en toute indépendance son petit champ de coton, comme notre paysan cultive librement son petit champ de blé, de manière à gagner le plus d'argent possible.

IV

Deux races indigènes différentes occupent l'Algérie : la race

Arabe, nomade dans un cercle restreint, qui fait des céréales et des bestiaux ; la race *Berbère* dont un premier rameau dans le Tell, les Kabyles, se livre aux cultures industrielles et au commerce, tandis que le second rameau, les Touaregs, parcourt les steppes sahariennes et monopolise le commerce de l'Afrique centrale. Le général Daumas et le lieutenant Aucapitaine ont présenté habilement les différences des races. Il est de notre intérêt de savoir utiliser les aptitudes spéciales de chacune : au Berber du nord sera dévolue la culture du coton, au Berber du sud nous demanderons d'aller nous chercher directement le coton dans l'intérieur de l'Afrique.

Cette dernière question a fait naître des spéculations profondes. Bien que nous ayons déjà pour nous des précédents historiques, nous demandons la sanction de la pratique, et la pratique c'est, en langage industriel, *d'avoir beaucoup, du bon, et du pas cher*.

Un officier du Génie, un des hommes les plus érudits qu'ait produits l'armée d'Afrique, eut le premier la pensée d'établir des relations de commerce entre l'Algérie et le Soudan : j'ai nommé M. le colonel Carette, membre de la commission scientifique d'Algérie, qui, s'aidant des travaux du général Daumas, a montré tout ce que notre colonie pourrait attendre des relations avec le centre de l'Afrique. La question a été souvent reprise depuis, et S. Ex. le maréchal Randon lui a fait faire de grands pas, lors de son gouvernement en Algérie ; c'est lui qui attira les premiers Touaregs dans nos postes avancés du sud, puis à Alger. Récemment, deux officiers se sont tout spécialement préoccupés de cette question : M. le capitaine d'état-major de Polignac, attaché au bureau poli-

litique à Alger (1), et M. le baron Aucapitaine, lieutenant
d'infanterie, dont le nom est remarqué dans toutes les questions scientifiques soulevées dans la colonie. Ce dernier a dé-
veloppé, avec autant de connaissance pratique que de lucidité
et d'érudition, les avantages du commerce avec le Soudan ; il
a prouvé que c'était *« dans ce pays où le coton croît comme le
blé dans la Beauce, »* qu'il fallait porter tous nos efforts.

Jadis, c'est-à-dire depuis la deuxième invasion arabe jusqu'au gouvernement des Turcs, un vaste système commercial,
entretenu autant par les intérêts que par l'esprit religieux,
reliait, à travers les bourgades du Sahara, les villes du Tell
aux régions du Soudan. On en tirait des esclaves, de la pou-
dre d'or, des ivoires, des essences : beaucoup de chrétiens
fixés à Bougie prenaient part au commerce ; à cette époque,
dit M. Aucapitaine, les marchands vénitiens et pisans *fai-
saient des caravanes* dans l'intérieur. C'était, en effet, par caravanes que s'était établi le réseau commercial qui déversait
dans la Méditerranée les richesses du centre de l'Afrique.
Aujourd'hui il faut songer à rétablir ces caravanes, à rappor-
ter dans nos établissements non plus des esclaves, *mais du
coton.*

L'Islamisme, pénétrant depuis deux siècles dans les tribus
de l'Afrique centrale, a changé les agglomérations, parce que
les intérêts matériels marchent toujours parallèlement aux
idées religieuses. De nouveaux États se sont formés, les capi-
tales se sont déplacées. Il nous faut suivre la religion qui

(1) M. de Polignac accompagnait le commandant Mircher et les chefs
touaregs, lors de leur récent voyage à Paris, et il est tout récemment
rentré de R'damès (Sahara méridional) où il a conclu un important
traité de commerce.

s'avance et conquiert, car elle est un immense progrès sur le grossier fétichisme des noirs.

« Il est bon de faire observer, dit le lieutenant Ancapi-
« taine, que les cités commerciales du centre de l'Afrique,
« bâties de boue et de torchis, se déplacent souvent ; c'est
« ainsi que Tembouktou vit dans les esprits sur la vieille re-
« nommée de Léon l'africain. Elle était déjà bien déchue au
« temps de René-Caillé, et aujourd'hui c'est Kano qui est
« devenu, comme l'appelle si bien le docteur Barth, l'Empo-
« rium du Soudan ; et il est regrettable que la Société de
« géographie n'ait pas modifié ses instructions à cet égard.
« Tous les voyageurs anglais se sont portés vers ce côté, car
« c'est là que le coton se trouve en abondance ; il croît par-
« tout. . . . . . »

Avec les concours précieux et peu onéreux de nos récents alliés les Touaregs, directement intéressés à favoriser notre extension, nous toucherons, quand nous le voudrons, à Ka-chena, Kano, Tembouktou, et toutes les populations qui sont au nord du Niger subiront notre influence. Alors nous pourrons écouler annuellement chez elles pour plusieurs millions de nos produits manufacturés ; nous opérerons par voie d'échange et nous n'aurons pas d'autres produits à demander que du co-ton. De cette façon, les noirs, voyant l'importance attachée à ce végétal, ayant à satisfaire les besoins que notre contact développera, apporteront le plus grand zèle à satisfaire nos intérêts. C'est ainsi que depuis quelques années l'habitude du tabac s'est infiltrée dans les populations sahariennes, et ce besoin nouveau a donné une source lucrative de commerce pour nos trafiquants mozabites. La question de nos relations à venir avec le Soudan est résolue au moins théoriquement, sinon déjà pratiquement. Seulement, ici comme ailleurs, il faut se garder des exagérations qui ont entraîné partout tant de désillusions et tant d'amers mécomptes. M. le lieutenant-colonel du Génie Hanoteau a démontré comment les Touaregs pourraient d'ici à peu d'années être organisés en Mar'zen ou cavaliers irréguliers, protéger nos caravanes et nos commerçants. C'est à ces Berbers qu'est dévolue la tâche de nous amener dans le bassin du Niger d'où nous relierons facilement le Sénégal. Cette dernière entreprise est plus simple qu'elle ne le paraît au premier abord ; elle a été pressentie, qu'on nous passe ce mot, il y a quinze ans, par M. le général Yusuf.

Nous lisons dans la *Revue de l'Orient* 1855, page 158, qu'un officier de Marine, M. Prax, avait proposé, aux ministères de la Guerre et de la Marine, l'établissement d'un service postal entre l'Algérie et le Sénégal, partant de Biskara ; les frais ne devaient pas excéder 250,000 francs. Les chameaux coureurs, dont l'emploi a été popularisé par les généraux Carbuccia et Yusuf (1), devenaient l'auxiliaire indispensable de cette entreprise. Aujourd'hui ce n'est plus de Biskara qu'il faut partir, mais bien des oasis du Touat, de l'Aouguerout et de Tidikeult au sud de la division d'Oran, car les populations Berbères de ces oasis nous ont devancés et sont en relations avec les peuplades Zenaga et Braknas de la rive droite du Sénégal, qui sont de même race qu'elles (2). On voit donc qu'il nous est facile d'aborder les plaines cotonnières du lac Tchad d'où nous rayonnerons partout, en donnant la main

(1) Lettre de M. le baron Aucapitaine à M. Isidore Geoffroy Saint-Hilaire. (*Bulletin de la Société d'acclimatation*, tome II.)

(2) Voir le travail de M. le colonel Faidherbe sur les populations du Sénégal. (*Nouvelles annales des voyages*, 1859, tome I, p. 17.)

aux comptoirs avancés du Sénégal. Ceci n'est pas un rêve, et les esprits les plus graves s'attachent à ce problème ; si nous avons parlé de désillusions et de mécomptes, c'est surtout au point de vue des trop fabuleuses fortunes promises aux négociants par quelques compilateurs qui, du fond de leur cabinet à Paris, ont écrit sur la question. Le Soudan est un vaste champ ouvert à l'esprit d'entreprise de nos compatriotes ; beaucoup y périront, mais leurs tentatives ne seront pas infructueuses pour la grande œuvre de la civilisation. Le nom du maréchal Randon restera étroitement lié à cette grande entreprise, ainsi que celui des officiers qui, sous sa bienveillante impulsion, ont étudié cette haute question encore si peu connue du public.

Or, l'Algérie n'est pas le seul débouché des productions du Soudan ; le Sénégal et la Guinée sont, suivant nous, deux autres voies dont la France doit profiter.

En effet, d'une part, les comptoirs du haut Sénégal peuvent facilement devenir des marchés pour le Soudan, à la condition que nous saurons y attirer ses caravanes. Puisque l'Islamisme a pénétré de ce côté, il nous serait impolitique de le combattre ; tirons au contraire parti du fanatisme musulman par l'intermédiaire de ceux de ses marabouts qui nous sont dévoués ; augmentons, mais avec circonspection et à titre de récompense, leur influence par le pèlerinage à la Mecque, ainsi qu'on l'a déjà fait ; enfin, créons dans le haut du fleuve de petits établissements religieux, qui relèveraient de Dakar où nous aurions à fonder un centre d'islamisme dont nous disposerions (1).

(1) Voir la 3e partie, paragraphes 16 et 17.

Et, d'autre part, les missions apostoliques, pénétrant dans la Guinée pour combattre le fétichisme, propageront les croyances catholiques jusque dans la partie méridionale du Soudan, et prépareront ainsi, mais pour un avenir plus ou moins lointain, des relations amicales que notre commerce et notre industrie sauront utiliser.

Concluons. Il y a, d'après des voyageurs célèbres, Réné-Caillé, Richardson, Owerveg, Barth, Vogel, du coton en abondance dans l'Afrique centrale. Des relations de commerce ont existé autrefois entre la côte nord de l'Algérie et le Soudan. D'excellentes relations politiques nous lient avec les peuples du Sahara et indirectement avec le Soudan. Nous pouvons contracter des relations directes avec l'Ouest et avec le Sud du Soudan par le Sénégal et par la Guinée. Il faut tenter, engager des sommes en proportion avec l'entreprise, car l'expérience est la pierre de touche à laquelle on reconnaît la valeur des idées.

V

J'aborde maintenant la question du Sénégal.

La Sénégambie est une terre cotonnifère qui doit fixer toute notre attention. Les voyageurs y ont rencontré le coton et constaté la permanence des caractères géologiques et climatériques favorables à la culture de ce végétal. En présence d'un sol capable de produire d'immenses richesses, les économistes verront une constitution territoriale et économique des plus avantageuses pour l'exploitation de ces régions, sans qu'il y ait à faire de grandes dépenses premières. Enfin, ils se demanderont comment, étant donnés un sol propice, une main-d'œuvre abondante à bas prix, et un pays facilement exploitable, on peut mettre fin, par des moyens prompts, vigoureux et sûrs, à la crise dans laquelle s'abîme l'industrie cotonnière.

Tel est le thème que je vais développer d'après mes propres découvertes et d'après celles des voyageurs.

1. — J'ai dit, dans la première partie de ce travail, que j'avais, par un rapport officiel, signalé le coton des Sérères au sortir de la première expédition qui fut faite dans leur pays. Les petits métiers de tisserands noirs, que j'avais rencontrés dans le Diander aux environs de M'bidjem, avaient éveillé mon attention, d'autant plus que *j'avais vu moi-même en Algérie*, quelques années auparavant, combien grande était la préoccupation des esprits au sujet de la production du coton, alors que la hausse des prix n'avait pas encore eu lieu.

Je trouvai dans les Sérères une végétation puissante, un sol ferme, argileux, possédant beaucoup de fer sous forme de gangues, peu élevé au-dessus de la mer, qui n'en est pas éloignée, et présentant une altitude que j'estimai à 20 m. dans les parties basses et marécageuses et à 100 m. dans les parties hautes.

Le coton des Sérères paraît être le plus beau des cotons sénégalais. Voici ce que l'on trouve dans l'*Akhbar d'Alger* à la date du 6 mars 1863 :

CULTURE DU COTON.

« Les renseignements qui suivent sont transmis du Sénégal :

« Presque aucune des peuplades qui habitent entre le Cap-

« Vert et Sierra-Leone n'est étrangère à la culture du coton;
« mais jusqu'à ce jour le commerce, n'ayant pas recherché
« ce produit, elles n'ensemencent que pour recueillir ce qui
« est strictement nécessaire à leurs besoins, et, abandonnées
« à elles-mêmes, ne prennent aucune des précautions essen-
« tielles pour assurer l'abondance et la bonne qualité des
« produits.

« Le coton procurerait pourtant aux indigènes et au com-
« merce des bénéfices au moins égaux, sinon supérieurs à
« ceux qu'ils retirent de l'arachide.

« Un hectare de terrain, cultivé en arachide, rapporte en
« moyenne 100 boisseaux, dont la vente à 2 fr. 75 (prix
« maximum) donne 275 fr.

« Un hectare de terrain, grossièrement cultivé en coton-
« niers, produit au maximum 1600 kilogr. de coton brut.

« Si nos négociants achetaient ce coton à 0 fr. 20 le kilo-
« gramme, les indigènes retireraient un revenu de 320 fr.
« pour un travail moins pénible, ils le reconnaissent eux-mê-
« mes, que celui que leur occasionnent la culture et la ré-
« colte d'un hectare d'arachides.

« En outre, comme il faut 3 kilogr. de coton brut pour
« produire un kilogr. de coton égrené, le négociant paie-
« rait 0 fr. 60 ce dernier, qui vaut en France, et en état nor-
« mal, 1 fr. 50. Il y aurait donc 0 fr. 90 pour couvrir les frais
« d'égrenage, frêt, etc., et pour le bénéfice.

« On ne tient pas compte, dans ces calculs, de la valeur
« industrielle de la graine du cotonnier, évaluée à 0 fr. 20 le
« kilogramme, ce qui donnerait, pour les 2 kilogr. de graine
« correspondant à un kilogramme de coton en laine, un pro-
« duit de 0 fr. 40 à ajouter au profit du négociant.

« En Casamance , nos traitants de Sedhiou achètent le
« coton brut aux Mandingues à raison de 0 f. 50 le kilogramme
« en marchandises et ils l'échangent avec les Diolas de la
basse Casamance contre du riz du pays, en réalisant des
bénéfices de cent pour cent. Ce riz sert à nourrir le nom-
« breux personnel de nos factoreries.

« De tous les échantillons de coton envoyés en France, ce-
« lui des Sérères a été jugé le meilleur ; il a été coté par les
« courtiers du Hâvre 1 fr. 50 le kilogramme avant la hausse.

« Les Sérères, soumis à la France, produisent annuelle-
« ment plus de 40,000 kilogrammes de coton brut. »

Le colonel du Génie Faidherbe, auquel le Sénégal doit tant,
et dont l'industrie bénira un jour le nom pour les conquêtes
qu'il a faites dans la partie occidentale du Soudan, a pro-
clamé l'abondance du coton dans une notice sur le Sénégal.

On trouve dans les *Nouvelles annales des Voyages*, 1859,
page 9 ;

« On en tire (du Sénégal) les graines les plus estimées, des
« arachides de qualité supérieure et d'autres plantes oléagi-
« gineuses ;. . . . . différentes espèces de mil qui pour-
« raient être distillées pour la fabrication d'alcools. *L'indigo
« et le coton y croissent partout*, mais ne sont utilisés par
« les indigènes que pour leur usage particulier. »

Les voyageurs qui ont exploré le Soudan occidental et qui
ont ainsi attaché une juste célébrité à leurs noms, comme
Mollien, Raffenel, Hecquard, ... ont constaté la présence
du coton, la puissance de la végétation et la composition ar-
gilo-ferrugineuse de presque toutes ces contrées.

Hecquard, dans un voyage qu'il fit en 1850 sur la côte
occidentale d'Afrique et particulièrement dans la Sénégambie,

rapporte ainsi son passage à Fatatenda, qui n'est qu'à 60 lieues
environ de notre poste de Kaolakh dans le Saloum (chapitre V, page 186) :

« Nous vîmes sur notre route d'immenses champs de coton
« et d'indigo. Ces indigènes ensemencent les premiers six
« mois avant la récolte du petit mil, puis ils repiquent ces co-
« tonniers dans les champs qu'ils veulent faire reposer et les
« en arrachent quatre ou cinq ans après. »

Je voudrais pouvoir citer des passages très-intéressants de
l'ouvrage de M. Hecquard pour la partie de son voyage à
travers la Gambie par le Fouta-Dialon, et son retour par nos
possessions au confluent de la Falémé et du Sénégal. J'aurais
trouvé ainsi à prouver, même par des extraits sobrement faits,
et qui concordent avec ceux des voyageurs, ses devanciers,
que le coton vient et peut venir partout, que la végétation est
luxuriante, que toutes les peuplades sont industrieuses et
agricoles, que les terres sont surabondantes et ne donneront
lieu à aucune contestation, pourvu que l'on ne cherche pas à
froisser inéquitablement les intérêts des indigènes; enfin que
le sol présente les caractères géologiques que j'ai exposés
particulièrement pour les Sérères. Mais je renvoie au tableau
qui est à la fin de l'ouvrage et dans lequel la plupart des échantillons rapportés par M. Hecquard, et déterminés par M. Cor-
dier, professeur de géologie au Muséum d'histoire naturelle,
sont signalés comme riches en minérai de fer. La permanence
géologique se trouve ainsi démontrée, de même que la permanence climatérique résulte de la forme généralement plate
de ces régions.

Je résume. En défalquant de la Sénégambie le littoral de
Saint-Louis jusqu'à Rufisque sur 60 lieues de large et la

Gambie, colonie anglaise enclavée dans nos possessions entre le Sénégal proprement dit et la Casamance, nous avons un territoire de huit ou neuf mille lieues carrées favorablesà la culture du coton, et dont les principales provinces sont le Foutatoro, le Bondou, le Galam, le Baol (comprenant les Sérères-Nones,) le Sinn, le Saloum et la Casamance.

2° J'ai montré, dans la première partie de ce travail, que la constitution économique et territoriale du Sénégal se prête admirablement aux transactions de toute sorte et au développement des cultures cotonnières. Chaque poste fortifié deviendrait un centre d'exploitation dans les environs duquel se répandraient les graines et le matériel, sous la direction de planteurs américains et d'agents spéciaux pris parmi les gardes du Génie.

Un va-et-vient de caravanes s'établirait dans le district, et favoriserait, dans un certain rayon, la vente et l'achat, l'exportation et l'importation. Enfin les récoltes s'écouleraient naturellement par les cours d'eau et par la mer, sans qu'il soit besoin de songer à faire de grandes routes, des canaux, des chemins de fer, toutes idées pour le moins prématurées.

Voilà en quelque sorte la base d'une culture sur une grande échelle, et j'ai ainsi démontré à l'industrie qu'on pouvait la satisfaire sur les deux exigences de la *quantité* et du *bon marché*.

Or, je veux aussi lui donner la *qualité*, car j'ai reconnu et dit que le coton des Sérères, le plus beau des cotons sénégalais, est d'un brin de médiocre longueur.

Le choix des graines, l'introduction des gens du métier, donneront évidemment de bons résultats.

Je viens de trouver une idée qui a la plus grande analogie

avec mon appel aux planteurs américains dans ce que dit M. Ramel au sujet de la production de la vigne en Australie (Bulletin de la Société zoologique d'acclimatation, tome IX, n° xi, page 952) :

« Sans doute, les colons n'ont pas encore la parfaite intel-
« ligence des procédés de la taille, de la culture, de la fabri-
« cation du vin ; mais le Gouvernement irait au secours des
« particuliers : il demanderait aux contrées vinicoles de
« l'Europe des immigrants actifs, compétents. »

Il y a là un enseignement, et il n'est certes pas sans intérêt pour la France de voir les progrès de tout genre. Or, les colonies anglaises de l'Australie ont pris, sous le rapport viticole, une importance frappante. Ce que les Anglais ont fait pour la vigne, que ne le ferions-nous pour le coton ? Nous devons, dans chaque colonie, essayer tous les systèmes connus et nous arrêter définitivement à celui qui convient le mieux à chaque région.

3° Bien que je ne croie pas bon, en général, d'entrer dans de grands détails, je vais dire ce qu'on devra faire dans chacun des districts sénégalais, et j'en tirerai la conclusion de la troisième partie de mon thème.

Le premier soin du garde du Génie, chargé de la protection agricole des planteurs, sera de faire une reconnaissance étendue et détaillée de son district au $\frac{1}{100\,000}$° c'est à dire à l'échelle de $0^m,01$ par kilomètre. Il opérera tout simplement avec la boussole de reconnaissance et mesurera les distances en faisant compter les pas. Il obtiendra ainsi un croquis du pays, qui ne sera pas une carte exacte, mais une représentation suffisante. Il devra écrire les noms de la manière la plus correcte, afin de n'avoir pas à les modifier dans la suite, et il dressera un tableau des noms de toutes les localités en ayant soin de noter toutes les productions importantes, les circonstances géologiques et autres.

J'ai fait une reconnaissance des Sérères-Nones qui pourrait servir d'exemple. Voici, en outre, une partie du tableau que j'avais établi dans mon rapport officiel après la première expédition. Il n'est certes pas sans quelque intérêt d'en prendre connaissance d'un bout à l'autre.

TABLEAU DES POINTS QUE J'AI TRAVERSÉS

AVEC OU SANS LA COLONNE EXPÉDITIONNAIRE.

POINTS	DATES	PRODUCTIONS PRINCIPALES	OBSERVATIONS
....	Avril 61	....	....
M'biljem..........	16 avril	Mil..........	Les noirs sont déjà habitués à nous voir.
Tor..........	Id.	Id..........	Id.
N'diagnen..........	Id.	Id..........	Id.
Keurmartegneya.	Id.	Coton..........	Id.
Iguer..........	Id.	Palmiers, fourrés épais..........	Terrain de chasse à l'éléphant.
Segueil..........	Id.	Commencement des cultures, sillons, palmiers, belles essences	Id.
Cayor..........	Id.	Coton, très-beau pays, troupeaux	J'étais avec 3 spahis, les noirs ne manifestent aucun sentiment hostile.
Boulousmel..........	Id.	Id. ... Id.	Id.
Sandog..........	Id.	Id. ... Id.	Id.
N'gayarou..........	Id.	Mil, coton.......... Id.	Id.
Soulouf..........	Id.	Beaucoup de coton... Id.	Id. Chemin de caravanes du Baol à Rufisque.
Sébikhotane..........	Id.	Coton.......... Id.	
Sébithiokho..........	17 avril	Coton, roniers..........	Les noirs restent dans leurs cases quand la colonne passe.
Dak..........	Id.	Rondere..........	Id.
Laten..........	Id.	Coton, indigo..........	Id.
Touil..........	Id.	Indigo..........	Id.
Soune..........	Id.	Coton, roniers..........	Id.
Tiambockh..........	Id.	Coton, fourrés..........	Id.
Kéreu..........	Id.	Cotau, gommiers du côté des montagnes..........	Id.
Debour..........	Id.	Belles essences d'arbres..........	Id.
Bandbouloof..........	Id.	Mil, coton, troupeaux..........	Id.
Diorokhokh..........	Id.	Fourrés, troupeaux..........	Id.
Sinya..........	Id.	Gommiers, fourrés, troupeaux	Les noirs fuient à l'approche de la colonne.
Yéli..........	18 avril	Gommiers, fourrés, mil..........	Nous étions 7 cavaliers, les noirs ne veulent pas revenir.
Tonney..........	Id.	Belles essences d'arbres..........	Les noirs fuient devant 7 cavaliers, mais reviennent.
Bagnaguakh..........	Id.	Mil, belles essences d'arbres...	Les noirs ont fui.
Coorependen..........	Id.	Id. ... Id.	Les noirs nous accueillent.
Nomba..........	Id.	Mil..........	Les noirs restent dans leurs cases et nous accueillent.
Dialaô..........	Id.	Belles forêts..........	Les noirs qui avaient eu peur reviennent à la pêche et nous donnent du poisson.
Diafoura..........	Id.	Mil..........	Les noirs restent dans leurs cases.
Serokh..........	Id.	Belles forêts..........	Id.
Sinya..........	Id.	Déjà vu..........	On est obligé de prendre du mil. On s'attend à une affaire.
Kegnabout..........	Id.	Broussailles..........	Les noirs ont presque disparu.
Gamkey..........	Id.	Très-beau pays..........	Les noirs ne fuient pas.
Dias..........	Id.	Roniers, troupeaux, très-beau pays..........	Id.
Kholpa..........	Id.	Roniers, troupeaux, belles forêts	Id.
etc.......... etc.	Avril	....	etc., etc.

NOTA GÉNÉRAL. — Terrains argilo-ferrugineux, gazonné, blocs ferrugineux. Les gens sont généralement doux, très-forts. Il y a partout du coton. J'ai marqué seulement les endroits où il y en a le plus.

Cela fait, le Garde-Inspecteur d'agriculture choisira des emplacements pour y élever des baraquements dans le genre de ceux que j'ai faits à Dakar, par exemple, parce qu'ils sont très-convenables au point de vue hygiénique, et très-économiques, et il les soumettra à l'approbation de l'autorité supérieure, par l'intermédiaire du commandant d'arrondissement. Le choix de ces emplacements sera naturellement subordonné aux ressources d'eau et de bois qui sont nécessaires à la vie. Quand il y aura des marigots dans le voisinage, il faudra avoir soin de se placer sur une petite éminence où la densité des miasmes paludéens ne leur permettrait pas de s'élever.

Je donnerai plus loin la description de mes baraquements. On trouvera aussi au paragraphe 10 de la troisième partie un exemple de culture par le système militaire-administratif.

Quand les baraques, les fours, les puits, etc. seront faits, il faudra se mettre aux cultures à l'époque la plus favorable.

Le Garde-Inspecteur d'agriculture consacrera, dès le principe, dans chaque district, une suffisante étendue de terrain à l'essai de chaque espèce. Il rapportera sur son croquis les emplacements de chacune d'elles, tiendra compte des instructions spéciales de culture qui lui viendront du Ministère, prendra des notes au fur et à mesure de la pousse (1), enfin devra comprendre avant tout que s'il a la protection agricole des planteurs, c'est aux planteurs à faire son instruction agricole. Son rôle sera donc de créer des installations, d'observer les résultats, de donner à l'occasion des conseils aux colons, en un mot de favoriser puissamment, mais de ne gêner en

(1) La note sur la culture du cotonnier par M. Soubeiran sera consultée avec le plus grand fruit. (Bulletin de la Société zoologique d'acclimation. Janvier 1863, pages 24 et suivantes.)

rien les entreprises de cultures cotonnières. Il devra encore expérimenter tous les instruments perfectionnés propres à la culture du coton, et faire à leur sujet des rapports comparatifs. Non-seulement il arrivera ainsi à produire beaucoup plus de coton et à meilleur marché, mais il activera aussi le développement des autres cultures par des leçons et des exemples d'une importance que tout le monde peut saisir. L'amélioration des animaux de traction dans les pays cotonnifères est donc une chose très-utile pour la mise en œuvre des instruments aratoires, et je renvoie aux paragraphes 2 et 3 de la 3ᵉ partie, où je traite cette question pour le Sénégal.

Des bulletins mensuels seront établis par les Gardes pour chaque district et transmis par les commandants d'arrondissement avec leurs observations au Gouverneur, lequel fera de son côté la même chose envers le Ministre.

Un bulletin récapitulatif sera établi par arrondissement et un bulletin récapitulatif général sera fait pour la colonie.

Chaque bulletin sera une statistique du nombre des planteurs et des noirs employés, des installations faites (1), des graines semées, de la grandeur et de la nature du terrain, du voisinage de la mer, de la température, etc, etc.

Les fonctions des inspecteurs étant bien précisées, personne ne mettra en doute que les gardes du Génie ne soient, par leur discipline et leur instruction spéciale, les agents les meilleurs et les plus sûrs, pour s'acquitter de cette difficile et importante mission.

(1) Bien que je croie qu'il n'y ait pas à faire en travaux de grandes dépenses premières pour la culture du coton, il y aura nécessairement cependant de petits travaux locaux, mais peu dispendieux, qui seront laissés entièrement à la direction des Gardes.

Il est besoin aussi d'insister sur la nécessité d'un bureau central au ministère de la Marine à Paris. Plusieurs colonies, fournissant du coton soit par l'exploitation particulière, soit par le système militaire-administratif, il faut que les résultats obtenus soient rassemblés de manière à éclairer l'industrie, il faut que telle méthode que l'on aura suivie, telle découverte, tels progrès que l'on aura obtenus sur un point, soient propagés sans retard par la voie de la publicité ; il faut aussi que les colonies, mises en rapprochement, soient stimulées par l'amour-propre ; en un mot, ce bureau doit être l'âme de l'industrie. Ainsi défini, il exige à sa tête un homme ayant manifestement l'intelligence des questions coloniales, présentant des garanties d'instruction, car la question du coton est à l'étude, et l'étude agricole se compliquera de problèmes de navigation, d'odologie, d'assainissement, etc., dont l'examen nécessite des connaissances profondes et variées. En d'autres termes, il faudra dans ce poste un homme pratique qui sache créer, mais qui ne se laisse pas éblouir par les projets excentriques et onéreux, et qui puisse les reléguer dans le domaine des songes.

Cette influence du bureau central ne se fera pas sentir de même partout, son chef aura une connaissance détaillée de tous les essais tentés dans le midi de l'Europe et en Algérie, et aussi des entreprises sur la partie du Soudan qui attient à l'Algérie. Il n'aura pas à se prononcer dans ces questions, mais seulement à observer. En revanche, il s'attachera à développer la culture du coton dans les pays neufs de la colonie sénégalaise ; dans les territoires qui dépendent de la division navale du Gabon où il y aura beaucoup à faire ; dans la Guyane où le sol promet tant, et dans l'île de Madagascar sur laquelle on peut fonder les plus belles espérances. Pour les autres colonies, les Antilles et Bourbon, son rôle sera purement d'observation, comme pour les contrées européennes et l'Algérie.

VI

1. Les écrits des voyageurs qui se sont illustrés sur la côte d'Afrique, — les récits des officiers qui avaient habité nos postes du Gabon, de Grand-Bassam et d'Assinie, et avec lesquels j'étais en relation au Sénégal, ont laissé dans mon esprit des traces profondes et m'ont amené à signaler au commerce des terrains où il pourra puiser des richesses. Les essais tentés en culture, les découvertes faites et les conditions climatériques d'une côte chaude et humide, sont des signes certains de succès. Si le Sénégal peut fournir du coton en abondance, l'industrie prévoyante devra craindre les maladies qui attaquent quelquefois les végétaux dans une grande région, et désirer *qu'il soit ménagé*, si je puis le dire, *une réserve sur un autre point assez éloigné, du globe*. L'exploitation de nouvelles contrées en faveur de l'industrie concourra inévitablement au développement de notre marine, et favorisera les conquêtes de la religion et de la civilisation sur le fétichisme et l'abrutissement de la race noire.

Je ne crois pas superflu de signaler les maladies des végétaux comme des obstacles que l'on pourra rencontrer dans une exploitation considérable. Il n'est parmi les végétaux aucun qui soit à l'abri de la maladie, et nous avons, à l'appui, des exemples très-regrettables. Pendant ces dernières années la France a souffert dans quelques-uns de ses départements, et successivement, de maladies qui ont atteint la vigne et la pomme de terre. Aujourd'hui à Bourbon et à l'île Maurice, la canne à sucre et le vanillier sont attaqués par des insectes rongeurs. Quelquefois le fléau est si grand que la destruction est complète : ainsi l'abbé Raynal rapporte, dans son *Histoire des Isles françoises en Amérique*, que le cacaoyer fut détruit complétement à la Martinique, en 1727, par l'invasion d'une calamité climatérique imprévue. C'est pour ces motifs que je ne saurais trop conseiller de faire de grandes cultures cotonnières en différents points du globe.

Les officiers, qui habitent le poste du Gabon, se sont depuis longtemps adonnés aux cultures et ont obtenu les résultats les plus magnifiques. Leurs études ont porté sur les légumes d'Europe qui se sont parfaitement acclimatés, et surtout sur les végétaux spéciaux aux tropiques, tels que le manguier et le cannellier des Indes, l'avocatier d'Amérique ;..... puis le caféier, le cacaoyer et le cotonnier.

Ce que quelques officiers ont modestement entrepris sans autres mobiles que l'utilité et la science, pourquoi l'Etat, dont les moyens d'action sont si puissants, n'ouvrirait-il pas, pour le faire sur une grande échelle, une voie qui peut devenir si féconde pour notre commerce et notre industrie ? Là, comme au Sénégal, il n'y a pas à faire de grandes dépenses premières ; on aura dans la constitution territoriale du pays toutes les voies d'exploitation nécessaires. De même que, pour le Sénégal, je propose que l'on fasse appel aux planteurs d'Amérique, qui, ruinés par la guerre et menacés de dangers, pourraient saisir avec empressement l'occasion de reconquérir la fortune et de recouvrer le bien-être.

Il serait bon de proclamer aussi au Gabon, à Assinie, à Grand-Bassam, l'inviolabilité du territoire français en faveur de tous les noirs qui viendraient demander asile à l'ombre de notre pavillon, et de mettre en pratique, dans ces comptoirs, les idées généreuses émises par M. de Chancel. C'est ainsi que nous aurions, comme le dit M. Jules Duval, l'éloquent défenseur de nos colonies, « *un courant d'émigrations spontanées pur de tout reproche,* » qui, sagement utilisé, nous rendrait les plus grands services et s'attacherait à nous.

Réfugiés américains, réfugiés noirs, réfugiés de toutes nations, seraient placés sous la protection de deux gardes du Génie inspecteurs d'agriculture, qui sont, ainsi que je l'ai dit dans la première partie, nécessaires pour le service des postes du Gabon, de Grand-Bassam et d'Assinie. Leur fonctionnement serait absolument pareil à celui du Sénégal.

2. Je crains que les détails que j'ai donnés ne paraissent un peu courts ; aussi vais-je exposer quelques observations de voyageurs dans lesquels on doit avoir la plus grande confiance, et qui ont exploré cette partie de la côte d'Afrique.

Hecquard dit, chapitre II, page 76, en parlant de Grand-Bassam, où les arachides abondent :

« Ce pays produit le ricin, un peu d'orseille ; on trouve
« dans les forêts, qui bordent les rivières, des bois de cou-
« leur parmi lesquels j'ai remarqué des santals et des bois
« de construction tels que les teks, les gonatiers, etc., etc.
« *Le coton, quoique les indigènes n'en fassent aucun usage,*
« *y vient aussi en abondance. J'y ai rencontré l'indigofère.* »

Et plus loin, page 77, Hecquard dit :

« Le commerce est appelé à une extension considérable,
« surtout dans le Grand-Bassam, parfaitement connu depuis
« l'exploration que le lieutenant de vaisseau Cournet en fit

« en 1849 jusqu'au cap Lahou, c'est-à-dire, sur un espace
« de 45 lieues. »

Qu'on me permette une réflexion : Hecquard fit son voyage
en 1850, à une époque où les États-Unis n'étaient point désolés par la guerre. Il n'avait donc aucun motif de s'enthousiasmer à la rencontre d'un cotonnier, et s'il a signalé le coton, *c'est qu'il a dû en voir beaucoup.*

Depuis que le précieux textile est devenu rare, il y a eu des
inventeurs de coton, qu'on me passe le mot, ce qui doit nous
mettre en garde quand des récits nous sont faits.

N'avons-nous pas vu un certain M. Kendall réussir à vivement exciter l'attention de la Société zoologique d'acclimatation à propos de son cotonnier-arbre du Pérou? M. Kendall
ne s'est jamais occupé sérieusement de la culture aux États-
Unis d'un espèce de cotonnier-arbre du Pérou... M. Kendall
disparut un jour sans laisser de traces de sa prétendue découverte (1863, tome IX, pages 72 et 73).

C'est surtout à nos missionnaires que je fais appel : leur
zèle et leur courage sont appréciés de tout le monde, leur esprit d'observation n'est pas mis en doute. A eux, je demanderai des renseignements sur les végétaux et particulièrement
sur le cotonnier et l'indigofère, quand ils iront au milieu des
peuplades fétichistes conquérir des âmes à la foi.

Qui ne regrettera, par exemple, que M. Borghero, missionnaire apostolique, qui vient de visiter le royaume du Dahomey,
c'est-à-dire une contrée distante de cent lieues de notre poste
d'Assinie, n'ait pas défini industriellement le cotonnier gigantesque qu'il a trouvé dans cette région?

Ce R. P. annonce des cotonniers qui ont quarante mètres

de haut, mais ces cotonniers peuvent-ils fournir du coton à l'industrie?

Sa relation est néanmoins pleine d'intérêt : nous en avons gardé cette opinion, que, la végétation tropicale étale tout son luxe dans cette partie de l'Afrique, et que l'ignorance fétichiste y dégrade honteusement les facultés humaines.

C'est au catholicisme à nous ouvrir les portes du Dahomey et des régions de l'Afrique centrale, où l'islamisme n'a point encore pénétré. Si l'islamisme fait depuis deux siècles la conquête de la partie nord du Soudan, c'est au catholicisme à s'y introduire par la côte de Guinée. L'humanité et la civilisation y sont intéressées, le commerce et l'industrie leur viendront en aide. (*Annales de la propagation de la Foi*, janvier 1863.)

VII

Je vais analyser maintenant, quoiqu'il y ait beaucoup à dire sur la matière, ce que l'industrie peut attendre de Cayenne, des Antilles et de Bourbon.

1. La Guyane française n'a jamais eu le degré de prospérité que l'on aurait pu attendre de son sol et des moyens d'action mis à sa disposition : longtemps au contraire elle a été à charge à la métropole. Je ne fais ici aucune critique, je déclare seulement qu'il nous faut persévérer dans nos efforts. C'est avec de la persévérance que les Hollandais ont tiré un bon parti de leur Guyane, dans laquelle ils ont triomphé des obstacles opposés par la nature. Les plantations de coton ont réussi dans la Guyane hollandaise ; il nous faut imiter les procédés agricoles qui ont été employés et qui sont décrits dans la Revue maritime par M. le lieutenant de vais-

seau Bouyer. La vigueur de la végétation de la Guyane française, due à des pluies considérables et à des chaleurs exces-
sives, est au-delà de toute expression, et nous donne à penser
que le coton pourrait venir *en abondance* dans cette contrée,
où il est du reste connu depuis longtemps.

Le système à suivre sera sensiblement le même qu'au Sénégal.

Sous la direction des gardes du Génie inspecteurs d'agriculture, le défrichement des forêts devra être opéré par les
forçats déportés à Cayenne, et la culture organisée.

Sous la surveillance de l'ordonnateur colonial et avec le
concours du garde-inspecteur, les récoltes de coton seront
emmagasinées par un agent spécial, et vendues par cet agent,
au profit de la colonie, suivant un tarif approuvé par l'autorité supérieure.

Il est bon de noter que les coupes magnifiques, qu'on aura
par suite du défrichement des forêts, pourront être utilisées
par la marine ou vendues à l'industrie, et qu'enfin le produit
de cette vente compensera, et au delà, les dépenses d'organisation des cultures cotonnières.

Des grâces ou des réductions de peines, et même peut-être
des concessions de terrain, pourront-être accordées à des forçats d'une certaine catégorie, qui se seront fait remarquer
par leur travail et leur aptitude dans cette spécialité (1).

---

(1) L'ouvrage classique de l'abbé Raynal, *Histoire des Isles françoises
en Amérique*, devra être consulté pour l'exploitation des côtes d'A-
frique. Les mauvais résultats dont on était en droit de se plaindre,
il y a moins d'un siècle, étaient dus au peu d'intelligence des blancs
et au peu de subordination des noirs. *Il faut indispensablement, pour
réussir vite et bien, un plan arrêté avec sagesse et exécuté avec résolution.*

2. La culture du coton est indiquée aux Antilles par la nature des circonstances.

Les planteurs de cannes à sucre de la Martinique et de la Guadeloupe ne peuvent suffire aux frais de culture depuis la baisse des sucres. Si, en 1860, la Martinique, par exemple, produisit plus de sucre que du temps de l'esclavage, il n'en faudrait pas conclure la prospérité des planteurs. En effet, pour soutenir la lutte, ces derniers sont obligés de faire des frais considérables de matériel et d'engrais, et d'appeler des immigrants à la place des indigènes qui s'en vont. Toutes ces dépenses forment un total qui excède les recettes, de telle sorte que la culture de la canne à sucre aux Antilles n'a plus de chances de succès, au moins pendant une période de plusieurs années.

Cette opinion se trouve corroborée ainsi par M. Jules Duval dans le Journal des Débats du 3 février 1863 :

« Les Antilles, la Guadeloupe surtout..... subissent le con-
« trecoup de la guerre des États-Unis et de la baisse des
« sucres en France. »

Pour remédier à ce double mal, il y a un moyen efficace :

On a fait dans l'île de Cuba, la reine des Antilles, des essais de plantations cotonnières. L'espèce, qui paraît le mieux réussir serait un cotonnier nain, qui donne une soie fine, courte, mais abondante et supérieure au coton du Texas.

« Le gouvernement espagnol encourage cette culture. On
« paraît convaincu à Santiago que la culture du coton est pré-
« férable à toute autre, attendu qu'elle est infiniment moins
« dispendieuse, qu'elle nécessite moins de bras et qu'elle rend
« dès la première année ; tandis que, pour le café, il faut qua-
« tre années d'attente, et pour le cacao beaucoup plus en-

« core. La chenille seule peut devenir un obstacle, non dans
« les premières années, mais par la suite. Toutefois, les pre-
« mières récoltes auront indemnisé largement ceux qui s'y
« livreront.... Ces nouveaux essais ne présentent donc aucun
« risque et ne peuvent au contraire qu'être profitables. » (Annales du commerce extérieur.)

3. La culture du coton est également indiquée à l'île Bourbon par la nature des circonstances.

Les renseignements les plus récents apprennent que la
culture de la canne à sucre subit un grave échec sous l'influence des maladies dont les végétaux sont quelquefois atteints sur une grande échelle. Bourbon, qui s'est jetée dans
la culture de la canne à sucre d'une manière presque exclusive, au point qu'elle tire d'ailleurs ses denrées alimentaires,
(car elle avait proscrit le blé comme le coton,) se trouve
maintenant désolée par un insecte rongeur que l'on nomme
borer. Atteinte du même mal, l'île Maurice a fondé un prix
de 50,000 francs pour la découverte d'un remède..... Un
assolement, qui procure le repos ou l'alternance, paraît,
quant à présent, le meilleur préservatif. Comme la canne
à sucre, la vanille est frappée à son tour d'un mal incon-
nu........

Donc, l'intérêt de Bourbon, comme celui des Antilles, est
de se livrer aujourd'hui à la culture du coton, qui ne pourra
que favoriser par l'assolement l'amélioration du sol. Il sera
sage d'ailleurs de ne pas se livrer à la culture exclusive du
coton, pas plus qu'à celle de la canne à sucre.

VIII

Le percement de l'isthme de Suez, œuvre gigantesque due à un Français, M. Ferdinand de Lesseps, est en cours d'exécution.

Bientôt notre marine ira dans la mer des Indes de la façon la plus directe, et nos relations avec Madagascar deviendront plus rapides et plus fréquentes.

Cette île offre aujourd'hui, grâce à l'habileté de M. Lambert, les ressources les plus précieuses au commerce et à l'industrie.

Je me permets d'énoncer brièvement quelques considérations sur cette contrée intéressante, sans sortir de la tâche que j'ai entreprise et qui a *pour but avant tout le coton*.

Madagascar est une île à-peu-près grande comme la France, dont les traités de 1815 nous garantissent une possession traditionnelle.

Nos efforts séculaires sur Madagascar n'ont abouti à rien par le manque d'esprit de suite qui a toujours été si fatal à nos colonies.

Grâce à l'influence de quelques obscurs Français, la religion et la civilisation ont commencé à y pénétrer, sous le règne de Radama I, qui mourut en 1828, et continuent à se propager glorieusement sous le règne bienfaisant de Radama II, le roi actuel.

Madagascar est d'une prodigieuse fertilité ; sa configuration topographique extrêmement accidentée, présentant une série de gradins depuis les plages les plus basses jusqu'à des plateaux dont l'altitude est de 2000 mètres, la fait participer en même temps aux productions des tropiques et à celles des zônes tempérées.

Cent auteurs ont écrit sur ce pays et ont tous été d'accord sur ses richesses et son importance à tous égards pour la France.

« Enfin, dit M. Barbié du Bogage, la plante dont le pro-
« duit donne aujourd'hui une si grande alimentation au com-
« merce maritime et aux fabriques de France et d'Angleterre,
« la plante dont nous achetons annuellement pour 150 mil-
« lions de produits à l'étranger, *le coton*, croît naturellement
« dans l'île africaine, et les habitants savent le cultiver de-
« puis l'origine des temps. » (*Bulletin de la société géogra-*
phique, tome XVI, page 32, 1858.)

Flacourt dit des Malgaches (chapitre XCI, page 445) :

« Leur trafic se fait entre eux par échange. Ceux qui ont
« besoin de coton s'en vont chercher où il y en a en abon-
« dance, pour les choses qu'ils portent et conduisent avec eux,
« comme bœufs, vaches, riz, fer et racines d'ignames, échan-
« geant les choses qu'ils ont en abondance pour celles qui
« leur manquent, et les autres en font de même. »

La nature, qui a fait de Madagascar un si admirable pays, comme dit le botaniste Commerson, l'a dotée de ports nombreux comme pour en faciliter l'exploitation. L'influence de la civilisation française la transformera à notre gloire et à notre profit, et augmentera nos relations avec l'Afrique orientale, l'Arabie et le golfe Persique. Nos manufactures y enverront le produit ouvré, et recevront en retour, avec de grands bénéfices, des matières premières précieuses.

Rendons ici justice au patriotisme intelligent de M. Lam-

bert, qui nous a ouvert l'intérieur de Madagascar pour l'exploitation des richesses de cette belle et vaste contrée, et re-
connaissons que la diplomatie sait faire de solides conquêtes,
de même que les gouvernements de l'Algérie et du Sénégal
ont su prouver la haute valeur de l'administration militaire.

———

TROISIÈME PARTIE

NOTES SPÉCIALES AU SÉNÉGAL

Les développements généraux de la deuxième partie étaient utiles pour fixer les esprits sur le système que j'avais esquissé dans le principe. J'entre maintenant plus profondément dans la question sénégalaise, et je vais traiter plusieurs sujets qui se lient intimement aux intérêts commerciaux et qui sont, si je puis le dire, les étais d'une charpente dont l'intérêt industriel est le faîte (1).

1. — RONIERS, BOIS DIVERS.

Toutes les peuplades de la côte d'Afrique renferment une quantité prodigieuse de forces vives, qu'il faut tirer de l'état latent et utiliser avec équité à notre profit. On arrivera au but principal, qui est le coton, par toutes les exploitations secondaires qui mettent en relation les indigènes avec nos

(1) La plupart des idées neuves que renferment ces notes ont été portées sous mon nom dans le procès-verbal de la première commission consultative, qui a eu lieu à Gorée en 1862. Je les ai complétées depuis.

nationaux. Les exploitations des forêts conduiront, dès le principe, à faire des élagages qui seront utiles à la circulation des caravanes.

On trouve, en un grand nombre d'endroits, et particulièrement sur les bords de la Somone, des roniers qu'il vaudrait mieux prendre là qu'à Diaring (Casamance).

Ces bois sont excellents pour faire des pilots ; on peut même dire qu'on n'en possède pas d'autres pour la construction des ponts ou débarcadères. Ils sont employés aussi pour faire des fermes de charpente. Leur propriété est de durcir dans l'eau sans pourrir, d'être résistants aux chocs et de n'être jamais dévorés par les termites, qui rongent tout autre bois. Le ronier est donc une espèce très-utile pour certaines grandes charpentes, et le problème à résoudre serait de l'avoir à bon marché. Je crois pouvoir poser en fait que le mètre courant de ronier, de 0 m. 30 c. de diamètre, est de plus de 7 fr., et qu'il dépasse même ce chiffre très-sensiblement. Il sera bon de se rendre compte du prix de revient des roniers apportés de Diaring par la *Fourmi* (goëlette du Génie) pour l'appontement de la jetée de Dakar.

Il y a aussi, dans la vallée de la Tanma, des bois durs, comme le caïlcédra, des gommiers et des bois à brûler. On peut profiter des eaux que comporte l'hivernage pour conduire ces bois à la mer par la Somone. Cette question serait à examiner, et des essais seraient à faire par le moyen des indigènes, sous la direction d'un Européen.

2. — DES ANIMAUX DE TRANSPORT.

Tous les animaux originaires du Sénégal ne sont bons

qu'à porter, mais peu à traîner. Voilà un fait dont il faut avant tout se convaincre.

Le chameau est un fort porteur, mais il faut en tirer parti en le bâtant mieux. Le cheval et l'âne portent bien de petits poids, d'une manière adroite, mais ils n'ont pas la masse nécessaire à la traction de grosses voitures. Le bœuf est grêle et sans force, il est peu propre aux transports. Je passe naturellement à l'amélioration des races.

3. — HARAS.

Les chevaux du Diander, du Cayor, etc., sont de petite taille et peuvent être considérés comme de la race berbère dégénérée ; ils ont 1 m. 35 c. de taille, sont robustes, durs à la fatigue, sobres et adroits. Il y en a qui sont magnifiquement faits, et l'on peut dire que, en général, ils peuvent faire un service aussi élégant que prolongé. Toutefois, il faut les mettre, pour la force et la taille, en harmonie avec la taille et le poids des cavaliers. La première application qu'on en fera sera la remonte des états-majors, de la cavalerie, de la gendarmerie et ensuite des convois. Comme on l'a fait en Algérie en 1857, je demande que des étalons choisis soient consacrés à la reproduction, et je tiens de chefs de tribus qu'on paierait volontiers 10 fr. pour la saillie. Cette idée donne un revenu immédiat à la colonie, plus que suffisant pour l'entretien du haras.

Le haras de reproduction doit être à Dakar ; il paraît que les animaux s'y portent mieux qu'à Saint-Louis. L'eau, du reste, y est meilleure, et l'on pourrait mettre au vert dans les environs de Hann.

On devra faire des essais de croisement de chevaux arabes, pris comme pères, avec des juments de différentes contrées. Le cheval du fleuve diffère de celui du Cayor, et celui du Cayor n'est pas le même que celui de Sinn.

Quels que soient les élèves que l'on formera, on n'aura jamais au Sénégal le vrai cheval de trait, mais on pourrait y avoir le vrai cheval de selle, par la combinaison bien entendue du sang arabe avec le sang sénégalais et les dérivés successifs, en passant de $\frac{1}{2}$ à $\frac{3}{4}$, puis à $\frac{7}{8}$, etc.

On devra étudier quelles sont les espèces sénégalaises les plus propres à donner de bons produits, et l'on devra bien s'attacher à se servir d'étalons dont la taille, toujours plus élevée, ne soit point en disproportion avec la taille des juments du Sénégal. Ce sera au fur et à mesure de la reproduction que l'on prendra des étalons arabes plus grands. On ne perdra point de vue ce qui est arrivé chez les éleveurs qui fournissaient les remontes lors de l'introduction en France du sang anglais. Pour avoir plus de taille et obtenir en même temps de la finesse, on n'avait pas suivi une marche suffisamment progressive. Les produits des accouplements furent décousus, et, comme disaient les officiers de cavalerie, c'étaient « *des chevaux manqués.* »

J'insiste sur ce point, car je souhaite de tout cœur le succès d'une proposition que je fis en 1862 de fonder des haras sénégalais.

4. — DES BESTIAUX.

Les bestiaux sont petits, donnent peu de viande, et encore est-elle mauvaise. J'ai pesé souvent des bœufs qu'on abattait pour les soldats et les ouvriers ; ils ne donnaient qu'une moyenne de 60 kilogrammes de viande. Ceux qu'on apporte à Gorée, souvent au nombre de deux dans une pirogue, sont encore plus chétifs que ceux qu'on abat à la grande terre. Il importe donc de donner à cette race un élément de développement, et je conseille à cet égard d'introduire des pères provenant des pays chauds.

Le petit bétail, chèvres et moutons, me paraît susceptible des mêmes améliorations.

Le porc peut être exploité d'une manière facile et peu dispendieuse ; il mange des débris de poissons. Il peut procurer des ressources à la marine, mais il faut en prohiber l'élevage dans les centres européens.

J'ajoute aux considérations qui précèdent, que le commerce des peaux gagnera au développement des animaux.

5. — ROUTES, CHEMINS DE FER, CANAUX.

Le transport des denrées, et en particulier du coton, se fera par des chameaux, des chevaux et des ânes, employés comme animaux porteurs. Dans ce système, des voies créées par de simples élagages dans les forêts doivent suffire.

Comme les animaux ne sont guère propres à la traction de gros fardeaux, il n'y a pas lieu de faire des routes comme celles qu'on voit en France. Si, d'un autre côté, on considère la nature du sol qui est plat, on reconnaît que lorsqu'il est d'argile, comme dans les Sérères, la voie est toute faite, et que, lorsqu'on suit les plages ou bien les endroits à sable mobile, on aura des difficultés énormes à vaincre. D'ailleurs il ne faut pas songer aux empierrements faute de pierres.

Si l'on faisait des routes, elles devraient assurer un roulement facile en raison de la faiblesse du cheval; elles seraient, par exemple, composées de deux rails en bois pour simple voie, avec bandes de fer, et présenteraient des gares d'évitement. Mais ces rails, avec leurs traverses, seraient soumis à l'action dévorante des termites. Il faudrait employer le ronier, et j'ai indiqué plus haut à quel prix il revient. Les bois d'Amérique n'affluent pas d'ailleurs en rade de Gorée et ne résisteraient pas aux insectes.

Tout projet de chemin de fer comporterait une acquisition excessivement onéreuse de matériaux, et des difficultés d'opérations et de manœuvres qu'on ne pourrait réaliser sans sacrifier bien des gens au climat.

Tout projet d'établissement de routes avec rails de bois ou rails de fer devra comporter un état estimatif, consciencieux et éclairé, qui fera reculer, je crois, devant les avantages qu'il y aurait à réunir deux points, quels qu'ils soient, situés seulement à quelques kilomètres, comme Rufisque et Dakar. On devra prévoir en outre les dépenses d'entretien et de réparation et les déblaiments à faire quand des sables, soulevés par le vent, viendront sur la voie.

Je n'approuve pas non plus les projets de canalisation gigantesque dont j'ai entendu parler; je ne veux à leur égard répéter aucune des qualifications virulentes que j'ai entendu leur donner, car je respecte toutes les idées émises dans l'intérêt du progrès.

Je crois aussi qu'un chenal, pratiqué à Rufisque pour arriver en pleine mer, serait immédiatement obstrué par les raz-de-marée.

Je me résume au sujet des chemins dans les conclusions suivantes :

1° Comme on n'a guère que des animaux porteurs, on ferait des frayées dans les forêts pour l'usage facile des caravanes et la surveillance du pays ;

2° Les chemins de bois ou de fer comportent une dépense et des difficultés qui ne sont point en rapport avec les productions du Sénégal ;

3° Il n'y a aucun canal à faire. La mer est le canal naturel entre Saint-Louis et Gorée. C'est la route par laquelle ces deux points devront communiquer toutes les fois qu'il y aura à effectuer des transports considérables de matériel.

6. — GRANDS TRAVAUX DE DÉFENSE.

1° On doit faire, ainsi que la commission de défense l'a décidé, la batterie de Belair qui est connexe à celle de Dakar. Sans la batterie de Belair on n'a presque pas d'abri pour la marine, tandis qu'avec elle on a un vaste triangle où les bâtiments du commerce peuvent se retirer en cas de danger.

La batterie de Belair devra être construite suivant les procédés que j'ai employés pour celle de Dakar. On emploiera avec succès les bétons dans la construction (1).

En temps de guerre maritime, nos bâtiments trouveraient, comme je l'ai dit, dans le triangle formé par Gorée, Dakar et Belair, un abri précieux, dont je propose d'augmenter la capacité d'une manière aussi terrible que peu dispendieuse. Voici en quelques mots mes idées à ce sujet.

(1) Voir dans les *Annales des Ponts et Chaussées* mes études sur les bétons à l'article des voûtes (1ᵉʳ semestre 1863).

Il y a à Gorée quatre ouvrages, dont trois rapprochés (la batterie de la place, le fort du nord, la batterie de l'ouest) couvrent la rade et le triangle d'abri dont j'ai parlé, de feux assez rasants. Or, le Castel ne donne que des feux plongeants, c'est-à-dire ceux dont l'effet est visiblement le moindre ; il ne barre donc que très-imparfaitement l'espace qui sépare l'île du Cap-Manuel.

Ce but serait atteint, et j'appelle l'attention sur ce point, en établissant au pied du Castel, vis-à-vis le Cap-Manuel, une batterie rasante avec les blocs ou quartiers de rochers qui s'y trouvent. Ce n'est en définitive, et pour ainsi dire qu'un quai à faire en cet endroit, à quelques mètres au-dessus de l'eau, et l'on arrivera par ce moyen à augmenter d'une manière très-considérable la surface du triangle d'abri.

2° La côte, du Cap-Manuel aux Almadies, et des Almadies le long de la baie d'Yof, est inaccessible. On ne peut donc tenter une attaque par terre sur Dakar que par le Diander. Or, la défense du pays demandera peut-être par la suite que la gorge de la presqu'île du Cap-Vert soit fermée par une ligne continue ou à intervalles, présentant un réduit pentagonal vers son milieu ; mais il faut attendre qu'une ville capitale à Dakar ait réussi avant d'entreprendre une œuvre aussi considérable. Ici sur terre pourquoi des fortifications, quand nous n'avons rien à défendre ; portons d'abord notre sollicitude sur le triangle défensif, car nous avons des bateaux à protéger.

7. — TRAVAUX D'INTÉRÊT NAUTIQUE (1).

Le Sénégal étant retombé en notre pouvoir par suite des traités de 1815, on devrait avoir un feu sur les Mamelles depuis 1818 ; c'est ainsi que j'exprime le besoin indispensable d'avoir un phare sur ces hauteurs. On dirait que la nature s'est plu encore cette fois à mettre le remède à côté du mal en formant près de l'écueil redoutable des Almadies une montagne qui domine tout le pays. Aujourd'hui, qu'il est question de fonder une ville capitale à Dakar pour tous nos établissements de la côte occidentale d'Afrique, je signale un phare comme une des choses les plus essentielles.

Voici très-sommairement les considérations principales que j'ai développées dans mon projet de phare, en date du 12 juillet 1861. (Ce projet a été admis à l'unanimité par le Conseil des travaux de la marine.)

1° Les bâtiments marchands connaissent toujours bien leur latitude, mais ils ne sont jamais sûrs de leur longitude. Ils vont donc vers le sud jusqu'à ce que, pour gagner Gorée, ils n'aient plus qu'à gouverner droit à l'est. Or, pendant les cinq mois que dure l'hivernage, il n'y a de brise que la nuit. Les bâtiments, n'osant naviguer que peu de temps après le coucher ou avant le lever du soleil, mettent en travers presque toute la nuit au lieu d'attaquer terre. Ils emploient ainsi quelques jours à s'approcher de la côte dont ils se méfient, mais les courants les emportent vers le sud avec une vitesse d'un mille à l'heure, et ils sont obligés de rétrograder, d'où nou-

(1) Voir l'exposé de la situation de l'empire pour 1863, présenté au Sénat et au Corps législatif.

velle perte de temps. On connaît l'expression anglaise *time is money*. Eh bien! je pose en fait que les bateaux se résoudraient volontiers à payer un droit de phare qui leur coûterait moins cher que le temps qu'ils perdent et les dangers qu'ils courent.

2° Le phare devra être de premier ordre à cause des points du large où s'étendent les brisants. Les Almadies se trouvant à trois milles et demi plus ouest que les Mamelles, le feu devra se voir de très-loin ; de plus, il devra avoir un vif éclat à cause des brumes qui couvrent la côte.

3° Le feu devra être à éclipses pour qu'on puisse le distinguer des feux que les noirs allument quelquefois.

4° J'ai demandé en même temps pour Gorée un feu de port fixe, dans l'emplacement de la lanterne placée au Castel.

5° Je demande en outre un feu de couleur pour l'extrémité de la jetée que j'ai commencée à Dakar.

8. — BATIMENT A VAPEUR SPÉCIAL POUR LE SERVICE DE LA RADE DE GORÉE.

Il serait à désirer qu'il y eut toujours, en rade de Gorée, un bâtiment à vapeur de petite dimension, ayant le moins de tirant d'eau possible. Il ne dépasserait jamais le Cap-Manuel ni Rufisque, serait capable d'aller près de la côte et serait commandé par un civil, afin que son usage pût se prêter à tout emploi. Il aurait différents buts :

1° D'aller porter des secours à un navire en danger, ce qui arrive souvent, surtout près de Rufisque.

2° De remorquer à Gorée des chalands chargés de la terre indispensable aux plantations, ou de tout autre objet, ou de conduire à Dakar les chalands pour les besoins du Génie, des Ponts et Chaussées, de la direction d'agriculture ou du service administratif.

3° Ce petit bateau à vapeur ferait le service de Gorée à Dakar quand la mer serait trop forte pour la chaloupe.

4° Il ferait des transports pour le commerce quand il ne serait pas employé pour l'État ; mais à raison des dangers que présente la côte de Rufisque, il ne devrait, sous aucun prétexte, y aller pour le service ordinaire des négociants.

D. — ASSAINISSEMENT DE HANN.

On a déjà tenté à Hann de fonder un établissement de culture, et l'on y a renoncé à cause de l'insalubrité du sol.

Hann est situé sur le bord de la mer à environ six kilomètres de Dakar, près de Belair. L'eau y abonde et sert à la consommation des habitants de Gorée. La nature y est luxuriante, et c'est sans doute un des points les plus fertiles de tout le Sénégal. Malheureusement, l'eau qui rend cette contrée si riche est une cause d'insalubrité qu'on n'a pas encore pu faire disparaître. Les grandes masses d'eau, qui tombent chaque année et qui se réunissent à la surface du sol, donnent, en se desséchant, des vapeurs pestilentielles dont la densité, plus grande que celle de l'atmosphère, n'en permet pas le dégagement dans les régions élevées de l'air. Elles restent donc stagnantes sur le terrain à peu de hauteur, sont nuisibles, non-seulement à ceux qui veulent cultiver, mais encore dans les environs où les vents en apportent quelques-unes. Il est donc essentiel de s'en débarrasser.

Leur cause étant bien connue, il faut franchement l'attaquer. Réduire au cinquième, au dixième, les surfaces qui se dessèchent, c'est réduire les miasmes dans la même proportion, partant c'est diminuer de beaucoup les chances de fièvre paludéenne.

A cet effet, je propose de faire des canaux pour contenir les eaux qui ne pourraient s'écouler à la mer. L'évaporation se trouverait ralentie, mais la largeur de ces fossés serait telle que l'eau qui tombe pendant une année pût s'évaporer en moins d'un an. Par conséquent, on n'aurait pas d'accumulation à craindre dans ces canaux. Il faudrait aussi répandre sur leurs bords les plantes aquatiques qui ont de la tendance à s'assimiler les miasmes, et il serait bon d'ailleurs de se renseigner sur les travaux qui ont été faits à Bône, province de Constantine.

Les travaux d'assainissement de Hann se feraient avec des ouvriers noirs ; les surveillants seraient fréquemment relevés, et le camp serait établi sur les petites éminences qui dominent les surfaces desséchées.

10. — PLANTATIONS DE HANN.

Il serait utile de faire à Hann du jardinage sur une grande échelle, afin d'en donner aux troupes qui manquent complétement de légumes frais ; on importerait le citronnier et l'oranger, qui réussissent très-bien en Gambie, et on chercherait à tirer parti du ficus-elastica.

On y cultiverait toutes les espèces de coton pour études.

Les plantes médicinales, le ricin, le datura..... seraient essayées. La direction d'agriculture en approvisionnerait la métropole.

Ne rien négliger des productions du pays, introduire les espèces étrangères qui sont utiles, développer celles dont le besoin se fait sentir, tel est le programme de la direction d'agriculture.

On réaliserait ainsi ce que l'honorable baron Roger (du Loiret), ancien gouverneur du Sénégal, avait si brillamment essayé sur les bords du fleuve à la fin de la Restauration. Toutes ces cultures, le coton compris, réussissaient à merveille. Les nègres libres travaillaient aussi bien, disait-il, que les meilleurs garçons de ferme d'Europe, et lui coûtaient cinquante francs de gages par année. Les partisans de l'esclavage, tout puissants alors au ministère de la Marine, obtinrent du ministre, sous les prétextes les plus faux et les plus futiles, l'ordre de détruire l'établissement commencé, qui, continué jusqu'à nos jours, nous fournirait sans aucun doute, une grande partie du coton qui nous manque, et les riches produits que l'on est en droit d'attendre de ces contrées. — Un système militaire-administratif *avait ainsi spontanément pris naissance* pour le développement des cultures, sans qu'aucune crise industrielle l'eût provoqué.

11. — PLANTATIONS INDISPENSABLES A DAKAR.

La fondation d'une ville à Dakar comporte une question très-sérieuse sur laquelle j'ai appelé l'attention au commencement de l'année 1862. C'est la fixation des dunes de sable dont le déplacement serait à craindre. Il y aurait lieu de les couvrir de figuiers de Barbarie, d'aloës, de cocotiers, etc., dont la verdure rendrait moins triste l'aspect des dunes. Le pin maritime, employé déjà très-utilement dans les landes de Bordeaux, serait à essayer surtout.

Il faudrait au plus tôt planter des pins, et en général tous les arbres qui sont de nature à pousser promptement, afin d'orner les places et d'avoir dans la suite des ombrages dans la ville.

12. — APPROVISIONNEMENT D'EAU A DAKAR.

Si l'on doit fonder une ville capitale à Dakar, il faut de l'eau en abondance en plusieurs points, soit dans les rues, soit sur les places. Voici les eaux sur lesquelles on peut compter :

1° Des citernes dans les maisons particulières ;

2° Des eaux potables qu'on recueille plus bas que la Mission et qui sont actuellement affectées aux chevaux et au lavage ;

3° Des eaux qui se trouvent au-delà de Dakar, sur le chemin de Rufisque ;

Ces dernières sont les meilleures et les plus abondantes.

Tout cela n'est pas suffisant, il faut avoir mieux. Certes, ce serait un grand service à rendre à Dakar que de lui procurer, à des conditions peu onéreuses, une grande quantité d'eau potable ; ce serait bien mériter de la colonie que de doter d'eaux salubres des points qui en sont complétement privés.....

J'insiste sur cette question des eaux de Dakar ; elle est possible et probablement de deux manières. L'habileté consistera à avoir beaucoup d'eau pour peu d'argent.

Ce qu'il y aurait à faire à Dakar s'appliquerait sans doute à bien des localités en France. Les découvertes de l'abbé Paramelle peuvent recevoir un degré notable d'extension, mais ce n'est point ici le cas d'exposer une théorie nouvelle.

13. — PORT DE DAKAR (1).

Les travaux du port de Dakar ont été rapidement organisés, et la jetée devra être finie en 1864.

Dans le mois d'avril 1862, tous nos établissements disciplinaires étaient faits. Ils comprenaient sept baraques de 25 mètres de longueur, un cuisine, deux fours à pain de 400 rations, un enclos, des routes pour le travail, une forge, un four à chaux et un grand nombre de baraques pour des ouvriers noirs. Ces établissements, créés par des procédés nouveaux, se montent à une somme d'argent relativement minime, et donnent à la pointe de Dakar, l'aspect d'un village.

La direction de ces travaux était complétement entre mes mains, et je suis heureux d'avoir donné à la colonie des modèles de constructions rapides, solides et peu coûteuses. C'est à cause de cela que j'en fais mention ici, en appelant l'attention sur les résultats obtenus, dans la prévision des nombreux établissements commerciaux à créer à Dakar et dans l'intérieur des terres.

Les travaux du port embrassent aussi la création des hangars destinés à abriter le charbon qui sert à la chauffe des navires.

En terminant cet article, je rappelle qu'il faut indispensablement, pour le service de la marine, un phare de premier

---

(1) Voir l'exposé de la situation de l'Empire pour 1863, présenté au Sénat et au Corps législatif.

ordre aux Mamelles, un feu fixe au Castel de Gorée, et un feu de couleur à l'extrémité de la jetée de Dakar.

14. — Cale de réparations.

Les travaux du port de Dakar ne seront pas complets tant qu'on n'aura pas créé une cale de réparations. En effet, si un navire, en rade de Gorée ou dans l'intérieur du port de Dakar, vient à s'avarier, il peut bien ne plus avoir la possibilité de gagner Saint-Louis, car la baie d'Yof et la barre du Sénégal présentent des dangers ; je dirai même que, à raison des périls qu'on trouve à la barre, un navire qui longerait la côte ferait bien de ne pas songer à se réparer à Saint-Louis, s'il avait beaucoup d'avaries et si la mer était forte. C'est donc dans un endroit toujours abordable qu'il faut placer la cale de réparations. Or, à Gorée, on a des chantiers d'une exiguité excessive, et ce n'est qu'à Dakar qu'on peut réaliser la cale, car on y trouverait, en même temps que la protection du canon, tout l'emplacement nécessaire.

15. — Rufisque.

Il y a quelques années, les caravanes du Baol venaient à Dakar ; mais les négociants ont été se baraquer sur leur passage à Rufisque, afin d'accaparer les denrées qui arrivent. Le gouvernement leur a donné une tour de protection, et aujourd'hui ces commerçants, qui ont gagné de l'argent et qu'on a protégés, demandent à grands cris des indemnités si l'on crée Dakar, et s'opposent de toutes leurs forces à une question d'intérêt général.

Rufisque a une côte inhospitalière où les raz-de-marée sont dangereux toute l'année. Les sinistres de mer y sont fréquents. Sauf la tour de protection, on peut dire qu'il n'y a aucun travail d'utilité publique ; les maisons sont des baraques ; je crois même pouvoir dire qu'il n'y en a qu'une où il soit employé de la pierre ; elles sont bâties pêle-mêle, sans plan d'alignement. Il n'y a ni pont pour le chargement des navires, ni routes, ni chenal ; de plus, le pays est couvert de marigots qui se dessèchent, donnent des miasmes, occasionnent des fièvres. Il ne faut pas empêcher les négociants de s'y établir, mais il faut leur faire comprendre leurs vrais intérêts, et les favoriser s'ils viennent à Dakar, on les frapper des mêmes impôts qu'à Dakar même. Pour être conséquent avec soi-même, le gouvernement ne devra faire à Rufisque ni route, ni débarcadère, ni aucun autre ouvrage. Un pont pour le chargement des navires serait le premier travail à faire, et je pose en fait qu'il devrait avoir une longueur considérable, peut-être plus de 500 mètres, être composé de pilots entés, à cause du fond de sable, etc. Je ne parle de ce travail que pour bien faire comprendre dans quel système onéreux on tomberait si l'on préférait Rufisque à Dakar. Donc, il ne faudra rien faire pour les négociants qui persisteront à s'y établir ; il ne faudra leur assurer aucune protection exceptionnelle, mais on devra attirer à Dakar les caravanes, par des établissements où les peuplades trouveront tout ce qui peut flatter leurs goûts ou leurs intérêts. Ainsi, le haras, le bureau des affaires indigènes, le café (Kaouadji), la maison des hôtes (Dar-el-diaf), l'étuve ou bain maure, la mosquée, l'école (Zaouïa), le marché, sont, avec quelques maisons de commerce, des appâts assez puissants pour attirer les noirs, et, par suite, faire rapatrier les négociants de Rufisque.

J'insiste particulièrement sur les avantages que le commerce retirerait d'appeler à Dakar les musulmans noirs. Un des moyens les plus certains d'arriver à ce but serait de faire à Dakar une ville religieuse musulmane, *une petite Mecque*, si je peux m'exprimer ainsi, et d'y établir quelques vénérables marabouts et pieux pèlerins. Ces pieux et vénérables personnages, payés pour enseigner et prêcher, enseigneront et prêcheront ce que nous jugerons opportun pour nos intérêts.

Pour prospérer, Rufisque aurait besoin des mêmes établissements. Je ne saurais trop conseiller de sacrifier à l'islamisme, afin de faciliter les transactions commerciales ; et il est certain qu'on réussirait au moins autant avec les musulmans noirs de la côte occidentale d'Afrique qu'avec les Arabes d'Algérie. Mais on ne saurait créer de pareils groupes d'établissements partout, et il est clair que c'est près du port, dans l'endroit le plus salubre et le plus favorable aux navires qu'il faut les réunir. Port, sécurité, protection du canon, voisinage de Gorée, établissements existants, tout milite en faveur de Dakar contre Rufisque.

Loin de nous de vouloir entraver l'esprit d'initiative et de libre établissement dans nos colonies ; mais, dans le cas présent, il est de l'intérêt bien entendu du commerce de se rallier à Dakar, car cette ville devra être un centre d'attraction vers lequel convergeront les caravanes.

16. — GORÉE.

A Gorée il y aurait à faire plusieurs choses essentielles qu'il vaut mieux placer dans une île qu'ailleurs.

Ainsi des prisons y seraient mieux qu'à Dakar ; aux prisons se lierait naturellement le casernement d'une brigade de gendarmerie.

Quand le gouvernement siégera à Dakar, il faudra un commandant militaire à Gorée. Son importance ne sera pas aussi grande que celle du commandant actuel d'arrondissement, par suite le nouvel hôtel serait donné aux tribunaux dont la présence dans l'île est corrélative à celles des prisons.

Un projet d'hôpital a été fait en 1861. Placé dans l'île, c'est un lazaret pour tous nos établissements de la côte occidentale d'Afrique.

Je rappelle qu'il y aura lieu de placer un feu de port fixe au Castel de Gorée, et de faire, pour la défense, une batterie rasante au pied de cet ouvrage vis-à-vis le cap Manuel. L'asile que les bâtiments du commerce pourraient trouver en cas de danger serait plus grand et plus sûr.

Je pense aussi qu'il sera bon de continuer les quais qui sont commencés, car ils seront fort utiles au commerce.

17. — DAKAR.

J'ai déjà fait ressortir, en partant de Rufisque, N° 15, que Dakar, capitale de nos établissements commerciaux, devait être un centre d'islamisme doué d'une grande puissance d'attraction.

Les principaux établissements à créer à Dakar sont :

1° Hôtel du Gouverneur......	J'en ai fait le projet.
2° Hôtel de ville.............	«
3° Génie et Ponts-et-Chaussées.	«
4° Service administratif.......	«
5° Service d'agriculture.......	«
6° Caserne de cavalerie.......	J'en ai fait le projet.

7° Caserne d'infanterie........	*Idem* sous le titre de *quartier disciplinaire*, les disciplinaires ayant été logés dans les baraquements que j'ai construits en béton.
8° Eglise et Cure............	Sur un point élevé près du fort actuel. La chapelle de la mission pourra suffire encore pendant longtemps. Les Ponts-et-chaussées devront faire l'église; il faudrait craindre d'abuser du zèle d'étrangers, s'il s'en présentait pour la construire.
9° Ecoles laïques...........	J'en ai fait le projet. Les noirs qui sont musulmans ne veulent pas envoyer leurs enfants à la mission. Au lieu d'apprendre l'ouolof, il faut enseigner aux indigènes à parler français.
10° Mosquée...............	Construire les établissements musulmans sur la route des caravanes à l'entrée de Dakar.
11° Zaouia................	La mosquée sur un point élevé avec une flèche dorée ou un dôme. Employer les ornements brillants. Les affaires indigènes dans le fort actuel: j'ai proposé d'y faire des écuries pour 40 chevaux.
12° Kaouadji.............	
13° Dar-el-Diaf..........	
14° Affaires indigènes......	
15° Marché...............	Il sera couvert.
16° Bassins et Fontaines.......	Avant tout étudier la question d'approvisionnement d'eau à Dakar.
17° Cimetière.............	Déplacer le cimetière actuel et le reléguer au loin.
18° Douane	Près du port. J'ai indiqué, dans mon projet de ville capitale, un emplacement de village pour des noirs.
19° Faubourg des noirs........	Il faut les garder près de nous, nous les attacher, offrir à ceux que notre contact gênerait une place dans un village qui serait pour la ville un vrai faubourg.

Nota. Mon plan de ville donnait l'assiette de tous ces établissements.

18. — MATÉRIAUX.

Peu de temps après mon arrivée au Sénégal j'étais convaincu de la pauvreté de la colonie sous le rapport des matériaux qui servent aux constructions, et j'avais dû songer, dans un esprit de prévoyance, à augmenter nos ressources pour le moment où il faudrait mettre la main à l'œuvre dans l'édification de notre capitale de Dakar.

Aidé du concours intelligent de M. le garde du Génie Blanc, j'ai construit des baraques avec des montants et des fermes en planches, préparés à la scie et au marteau seulement. Les intervalles, maintenus par des croisillons, ont été remplis par une maçonnerie de pierrailles qui n'est autre chose que du béton fait sur place. En trois jours la charpente et la maçonnerie d'une baraque considérable étaient élevées ; c'est un exemple à imiter pour les baraquements des commerçants et colons divers.

Les études nombreuses que j'ai faites sur les bétons et la puissante machine que j'ai décrite dans les *Annales des ponts et chaussées* (1ᵉʳ semestre 1863), sont destinées, j'aime à le croire, à rendre les plus grands services.

19. — OUVRIERS.

Tous les travaux que je viens d'indiquer exigent une main-d'œuvre très puissante, et je me proposais de réaliser le système suivant :

J'aurais engagé pour quatre ans le plus grand nombre possible de garçons indigènes de douze à quinze ans ; je les aurais fait travailler d'abord comme manœuvres pendant un an, comme apprentis pendant l'année suivante, soit dans la maçonnerie, soit dans la charpente. Ils auraient eu la nourriture ou 50 centimes par jour. Je les aurais logés dans mes baraques et ils n'auraient jamais manqué d'ouvrage. Pendant la troisième année, j'aurais donné 75 centimes aux plus forts et aux plus adroits, laissant les autres à 50 ; et pendant la quatrième année j'aurais traité les plus forts et les plus adroits comme de vrais ouvriers, d'après les tarifs, élevant les retardataires à 75 centimes.

Les noirs, voyant leur avantage à une telle combinaison, nous enverront leurs enfants. C'est aux chantiers du génie surtout que les noirs apprendront à parler français; c'est là surtout qu'ils se formeront au contact des blancs.

L'œil du chef doit veiller à tout, même aux détails. Il doit user des moyens qui stimulent le personnel, ou bien il n'obtient que de médiocres résultats. Un système juste de punitions et de gratifications doit être continué : j'avais un registre où j'inscrivais les retenues et les récompenses de manière à avoir toujours balance.

Il est à désirer que la compagnie indigène du Génie reste toujours à Dakar.

Les Kroumans pourront rendre de grands services pour les travaux à la mer, il faut en recruter annuellement à la pointe de Krou, et les rapatrier consciencieusement après leur engagement expiré.

Dans l'intérieur des terres, où il y aura à faire des cultures, les prix seront beaucoup plus faibles qu'à Dakar, car les noirs, qui ont peu de besoins, attachent aux marchandises une valeur très exagérée.

20. — MILICE.

En dépit de leur nom et de leurs intérêts, les États-Unis se font la guerre, et restent sourds aux conseils de la France.

La proscription frappe les gens du Sud. *Des familles nombreuses sont sans asile.*

C'est au drapeau français qui marche à la tête de la civilisation, à les couvrir de son ombre. — D'ailleurs nos colonies ont besoin de colons, notre industrie réclame des denrées.

Recrutés par les soins de nos agents consulaires, et répartis dans les postes par les soins du Gouverneur, les planteurs américains feront cause commune avec nous, si jamais il y a rébellion.

Nous aurons alors une milice coloniale.

Au Sénégal, avec cet élément colonisateur, vingt postes militaires deviendront immédiatement vingt villages. Avec cette milice de blancs, on aura immédiatement un frein définitif aux fréquentes agitations des noirs, et le calme, si nécessaire à l'agriculture et au commerce, sera pour jamais assuré.

CONCLUSIONS GÉNÉRALES

Mettons de côté tous les considérants et résumons :

L'Algérie et le Soudan pourront donner du coton, mais le moment n'en est pas encore venu.

Les Antilles et Bourbon, fécondées par l'esprit d'entreprise, fourniront du coton.

Mais, vivifiés par un système militaire-administratif, qui peut seul, d'une manière rapide, efficace, et surtout peu dispendieuse faire cesser la disette cotonnière, le Sénégal, la circonscription du Gabon, la Guyane-française, l'île de Madagascar, nous approvisionneront de coton en abondance, d'une façon annuellement progressive.

C'est ainsi que par la production du coton dans nos colonies, notre industrie sera affranchie radicalement de la dépendance où la tient l'Amérique septentrionale.

Religion, Humanité, Civilisation, Marine, Défense coloniale, Intérêt commercial et industriel, tout se lie.

Avril 1863.

H. POULAIN

Capitaine, ex-chef du génie de Gorée (Sénégal.)

Paris. — De Soye et Bouchet, imprimeurs, place du Panthéon, 2.

Documents officiels relatifs à la loi sur le régime douanier des colonies de la Martinique, de la Guadeloupe et de la Réunion. 3 juillet 1861, br. in-8°. . . . . 2 fr.

Voyage dans l'Afrique centrale exécuté de 1849 à 1856, par le docteur Livingstone, résumé par V. A. Maltebrun, in-8°, avec une carte. . . . . 4 fr.

Histoire de la colonisation de l'Algérie. — Les débuts, les constructions urbaines, les villages, les colonisations dans les provinces, commencement du progrès, les fermes, les communes, — par M. L. de Baudicour. 1 gros in-8°. 7 fr.

La colonisation de l'Algérie (Ses éléments). — Les ressources du sol. les richesses minérales, la salubrité du climat, les orphelinats, la transportation, la propriété, — par M. L. de Baudicour. 1 gros in-8°. . . . . . 7 fr.

L'Algérie contemporaine, par Louis Vian, in-18. . 3 fr.

Histoire commerciale, politique et diplomatique des échelles du Levant (l'Orient, Marseille et la Méditerranée), par Edouard Salvador. Deuxième édition, augmentée. In-8°. Prix. . . . . 5 fr.

Relation du voyage de M. le capitaine de Bonnemain, d'El-Oued à R'dâmès (1855-57), avec carte itinéraire où se trouvent le plan de R'dâmes et l'esquisse des routes vers cette ville, par Cherbonneau. Br. in-8°. . . 1 fr. 50

Annuaires des colonies du *Sénégal*, de la *Réunion*, de la *Guadeloupe*, de la *Martinique*, etc., etc.

Collection d'ouvrages pour l'étude de la langue arabe.

REVUE MARITIME ET COLONIALE

Suite à la *Revue coloniale*, 1853-1858, et à la *Revue algérienne et coloniale*, 1859-1860.

(MINISTÈRE DE LA MARINE ET DES COLONIES)

La *Revue maritime et coloniale* paraît le 1er de chaque mois par cahier de 10 à 12 feuilles grand in-8°, accompagnés de cartes, plans et croquis, qui ajoutent à l'importance de ce précieux recueil.

Prix de l'abonnement : — Pour Paris, un an, 25 fr. — Pour les départements, l'Algérie et l'étranger, les frais de port en plus. — Pour les colonies françaises, 35 fr.

On s'abonne chez Challamel aîné, libraire-commissionnaire pour les Colonies, l'Algérie et l'Orient, 30, rue des Boulangers, à Paris.

Paris. — De Soye et Bouchet, imprimeurs, 2, place du Panthéon.